中国科协三峡科技出版资助计划

河流健康的法制化管理

聂武钢 著

中国科学技术出版社

·北　京·

图书在版编目（CIP）数据

河流健康的法制化管理／聂武钢著 . —北京：中国科学技术出版社，2015. 7
（中国科协三峡科技出版资助计划）
ISBN 978-7-5046-6941-4

Ⅰ.①河…　Ⅱ.①聂…　Ⅲ.①河流—水资源管理—研究—中国　Ⅳ.①TV213. 4

中国版本图书馆 CIP 数据核字（2015）第 131395 号

总　策　划	沈爱民　林初学　刘兴平　孙志禹	责任编辑	付万成
项目策划	杨书宣　赵崇海	责任校对	杨京华
编辑组组长	吕建华　赵　晖	印刷监制	李春利
		责任印制	张建农

出　　版	中国科学技术出版社
发　　行	科学普及出版社发行部
地　　址	北京市海淀区中关村南大街 16 号
邮　　编	100081
发行电话	010-62103130
传　　真	010-62179148
网　　址	http://www.cspbooks.com.cn

开　　本	787mm×1092mm　1/16
字　　数	250 千字
印　　张	13. 25
版　　次	2015 年 6 月第 1 版
印　　次	2015 年 6 月第 1 次印刷
印　　刷	北京盛通印刷股份有限公司

| 书　　号 | ISBN 978-7-5046-6941-4/TV・84 |
| 定　　价 | 60. 00 元 |

总　序

　　科技是人类智慧的伟大结晶，创新是文明进步的不竭动力。当今世界，科技日益深入影响经济社会发展和人们日常生活，科技创新发展水平深刻反映着一个国家的综合国力和核心竞争力。面对新形势、新要求，我们必须牢牢把握新的科技革命和产业变革机遇，大力实施科教兴国战略和人才强国战略，全面提高自主创新能力。

　　科技著作是科研成果和自主创新能力的重要体现形式。纵观世界科技发展历史，高水平学术论著的出版常常成为科技进步和科技创新的重要里程碑。1543 年，哥白尼的《天体运行论》在他逝世前夕出版，标志着人类在宇宙认识论上的一次革命，新的科学思想得以传遍欧洲，科学革命的序幕由此拉开。1687 年，牛顿的代表作《自然哲学的数学原理》问世，在物理学、数学、天文学和哲学等领域产生巨大影响，标志着牛顿力学三大定律和万有引力定律的诞生。1789 年，拉瓦锡出版了他的划时代名著《化学纲要》，为使化学确立为一门真正独立的学科奠定了基础，标志着化学新纪元的开端。1873 年，麦克斯韦出版的《论电和磁》标志着电磁场理论的创立，该理论将电学、磁学、光学统一起来，成为 19 世纪物理学发展的最光辉成果。

　　这些伟大的学术论著凝聚着科学巨匠们的伟大科学思想，标志着不同时代科学技术的革命性进展，成为支撑相应学科发展宽厚、坚实的奠基石。放眼全球，科技论著的出版数量和质量，集中体现了各国科技工作者的原始创新能力，一个国家但凡拥有强大的自主创新能力，无一例外也反映到其出版的科技论著数量、质量和影响力上。出版高水平、高质量的学术著作，成为科技工作者的奋斗目标和出版工作者的不懈追求。

中国科学技术协会是中国科技工作者的群众组织，是党和政府联系科技工作者的桥梁和纽带，在组织开展学术交流、科学普及、人才举荐、决策咨询等方面，具有独特的学科智力优势和组织网络优势。中国长江三峡集团公司是中国特大型国有独资企业，是推动我国经济发展、社会进步、民生改善、科技创新和国家安全的重要力量。2011年12月，中国科学技术协会和中国长江三峡集团公司签订战略合作协议，联合设立"中国科协三峡科技出版资助计划"，资助全国从事基础研究、应用基础研究或技术开发、改造和产品研发的科技工作者出版高水平的科技学术著作，并向45岁以下青年科技工作者、中国青年科技奖获得者和全国百篇优秀博士论文奖获得者倾斜，重点资助科技人员出版首部学术专著。

由衷地希望，"中国科协三峡科技出版资助计划"的实施，对更好地聚集原创科研成果，推动国家科技创新和学科发展，促进科技工作者学术成长，繁荣科技出版，打造中国科学技术出版社学术出版品牌，产生积极的、重要的作用。

是为序。

前　言

　　河流是最重要、最优美的自然环境要素，也是一种极为宝贵的水资源存在形式——遗憾的是，目前的中国，它一直被忽略、被虐待。

　　河流健康，是指河流自身以及与周边环境处于自然和谐的状态。一条河流历经亿万年时间与自然界的"博弈"后，才能相对稳定，处于诸多环境要素与生态元素平衡的健康状态。

　　无论是自然还是人文角度，作为地球生态系统的命脉，每一条河流在地球上都是唯一的。它们是地球的"原住居民"，是人类生命、文明、风景的摇篮，人类是后来者。人类出现以后，在与人类的关系上，河流和其他自然界元素一样，则基本处于被改造的地位。

　　人类的需求可分为生理需求、安全需求、社交需求、尊重需求和自我实现需求五个层次，这些需求或多或少都能从健康河流中得到满足，因此，根据人类需求层次，河流对人类的价值也体现为五个方面。

　　人类可以根据自身的生存、安全、舒适等需要适当改造河流。但改造中也要尊重，开发中也应保护。平衡好人类与河流的利益，尊重河流的基本规律，才能长久相依、相得益彰。

　　绝大多数人却至今没能真正地认识河流，比如洪水往往被定性为可恶可怕，却没认识到洪水亘古有之，对河流健康、生态有着重要意义，是河流的自身的生命与延续规律，洪水、枯水的变换、交替正是众多河流得以维持健康的重要生命迹象。

　　河流当前面临的最大威胁问题，不是河流污染——它只是导致河流生态出现暂时性灾难；填埋河流以及各类河流工程，对河流健康的影响才更为长远。各类擅自开工、野蛮运营的河流工程，尤其是填河之类的工程，更对河流健康产生了永久、不可逆转的伤害。

在河流开发中，应尽可能尊重环境初始生态，将对相关环境要素的影响降到最低；不能只盯着眼前的、局部的利益，而应该着眼长远、全面统筹，对整个生态系统负责，应制定总体规划——尤其是河流工程的选择、建设和运营都要真正体现生态效益、经济效益、社会效益的统筹兼顾。

参照我国《水法》第79条对水工程的定义，河流工程可定义为在河流上开发、利用、控制、调配和保护河流资源的各类工程。包括埋填、筑坝、引水、修堤、硬化、渠化、裁弯取直等影响河流生态的各种行为，它们导致河流的流速、水量、水温、滨岸、河床、生态系统被改变，河道、滩涂、水量、长度不断萎缩，由此产生一系列或轻或重的生态问题。

我国是世界上河流最多的国家之一，江河环绕，在水一方，本为天赐之福，无奈不少河流却因为填埋、污染以及各类河流工程等，陷入河污、水枯的惨况。边境上跨国河流的随意规则、开发和建设，也使我国和部分周边国家关系紧张，并呈现不断恶化趋势。

以上种种，缘于对河流健康的法律管理理念不健全，对河流健康、河流生态、河流要素、河流价值等问题认识不足，使得河流健康领域基本成了法制的盲区。

国内仅有的一些与河流健康相关的法律条款，主要针对河流污染问题，对河流健康这一更深广、更重要的领域几无涉及，如对河水的流动性、河床的完整性、河滩生态性、河流生态流量等要素的保护均没有明确的法规规定——这意味着如果河水被污染了，会有人来收排污费或罚款，可如果河床被填，或河水被截走，可能没人管，也没法管，实在令人担忧，应引起重视与反思。

本来就少的对河流生态进行保护和挽救的法律规定也被证明是基本无效的。如《渔业法》第32条规定，"在鱼、虾、蟹洄游通道建闸、筑坝，对渔业资源有严重影响的，建设单位应当建造过鱼设施或者采取其他补救措施。"一方面在反向强调"有严重影响"的才"应当"建造"过鱼设施"等补救措施；另一方面"鱼道"等"过鱼设施"又已被业界证明在挽救河流渔业资源方面基本是失败的，此外，什么叫"严重影响"，没有细化规定，法规由是成空文。

再从国家与地方层面的规划与政策来看，"兴修水利""引水工程""小流域治理"等都是时兴的提法。许多鼓励发展小水电的诸多文件，都盯着河流的资源性，意图将其进行效益最大化开发，基本不顾河流的环境属性，经引水式开发后，下游完全成了枯河，造成了广泛置疑，也影响了河流工程的整体评价，导致或许必需的一些项目也无法动工。

总之，国内保障河流健康的法制化工作还处于"婴幼儿"阶段，产生大量问题的同时，也导致河流工程遭受到越来越多的质疑，导致一些必要或利大于弊的河流开发建设成为难题，以致河流工程许可难、开工难，成了劣币驱逐良币。

放眼世界，国际社会对河流健康与生态保护已相当成熟，不少国家推进河流健康保护的法制化方兴未艾，有较多的成功典型和经验，对河流已走过了只在重视污染防治、重视开发建设的阶段，越来越看重河流的观光、休闲、愉悦身心的价值，并在立法与管理制度上及时跟进与修订，以切实起到保护、管理效果。

我国若要强化健康河流的法制化管理，要提高河流健康与河流价值的认识；要对现有河流工程与法规、政策、管理措施要进行梳理和评估，有选择的废止与修订；建立河流健康法律保障的基础理念与标准；建立河流水文综合监测体系；以河流分类分段管理为基础，构建河流法制保障的基础模式等。

比如在河流工程建设的法律规范上，在确定建与不建时，河流工程规划要审慎保守；环评要依法进行，不能因为政府文件分级分步实施；公众参与要真正建立，让形式能决定结果；逐步对河流工程要建立许可证制、有偿制与年限制。

在河流工程如何建的问题上，要对工程类型与规模进行限制；规划权与设计权应严格分离；要尽量避免硬化渠化河道河堤；河流工程的开发权应建立有偿取得与流转制度；在不宜进行河流工程建设的自然保护区、生态功能区等区域，划定保护河段和保护流域区。

河流工程运营期间的法律规范上，要明确建立生态运营原则；设立保证河流健康的调度规则；并建立动态调整机制。

河流工程管理主体与制度上，要妥善设置谁来管、用什么办法管的问题；建立中期评估和后期评估机制。

只有对河流价值、河流健康、河流生态、河流要素等有了更理性、更清晰的认识，通过科学的法制化管理，确立健康河流理念，建立健康河流的保障机制，规范河流工程的管理制度体系，使我国河流保护工作摆脱污染防治的低层次阶段，使人河关系从开发与被开发、主体与客体的模式中走出来，才能进入人河和谐、良性循环的生态轨道。

流水不腐，唯河不朽；小桥流水，唯河芬芳。

每个人的生命中都需要一条河。

目　　录

引　言

　　——当歌曲、故事类文化遗产或非物质文化遗产的"原生态"都在被重视和保护的时候，为什么河流类珍贵自然资源的"原生态"与"自然态"不能得到起码的尊重？越来越多的溪河，正在加速从地球，尤其是中国消失，并永不再生。

　　"治国先治水"，数千年来中国的政治名言。与此同时，农耕时代，河床的深浅往往决定着文明的内涵和流向。

　　新中国成立后，特别是"文化大革命"前的短暂年头里，国内就陆续对几大河流喊出过以下口号：

　　1950 年："一定要把淮河修好"；

　　1956 年："高峡出平湖"；

　　1958 年："把黄河的事情办好"；

　　1963 年："一定要根治海河"；

　　……

　　改革开放后，有了南水北调、引黄入津、引黄济青、密集的农村小水电建设，还有某些人宣扬的"西藏之水救中国""大西线"调水等，涉及面广，投资巨大，可是否有人想到，它们中的大多数，是建立在对河流健康的持续甚至永久伤害之上的？

　　环顾四周，不难发现，身边的溪河被东填西填，河段被截来截去，河水被调来调去，河道被裁弯取直，河床被渠化硬化，滨岸被水泥封固，似乎已经司空见惯、见怪不怪。虽然，在人类经济社会高度发展情况下，期望河流各方面功能均达到理想状态几乎不可能，因此河流健康目标也只能是一个妥协的目标，它既要考虑维持河流自然功能的需要，也要考虑相关区域人类生存和发展的需要，只是，不要忽视它……

2001年年初，我国"十五"规划出台，提出"大力发展水电、优化发展火电、适度发展核电"。

2006年年初，我国"十一五"规划出台，提法略有变化，为"在保护生态基础上有序开发水电"。

2008年，国家发改委公布《可再生能源发展"十一五"规划》，将怒江、大渡河、澜沧江目前不多的几大生态河流等都列入了水电基地的范畴……

2012年，国家能源局发布《水电发展"十二五"规划》，规划中明确提出"十二五"时期水电应新增投产7400万千瓦，开工1.2亿千瓦以上；到2015年，全国水电装机容量2.9亿千瓦。

实际到2015年，全国水电装机已突破3亿千瓦……

适当发展水电确为当前现实之选，用两院院士潘家铮的话说：为什么要开发水电？不讲其他理由，光是从节能减排的角度，目前国家也非走这条路不可。将来10多个亿的电力，一半靠燃煤，一半靠水电、核电和其他可再生能源发电，我们就可以迈过节能减排这个槛。笼罩大半个中国的雾霾，加上G20峰会上国家领导人对国际社会承诺的中国2020年非化石能源达到15%的目标，更使得新能源、水利、水电等，成为国家层面的重要领域……

然而，与此唇齿相依的河流健康与生态，作为相对隐伏的一面，却显然被过于忽视了，国内目前进入高速发展与河流、湿地环境破坏并存的特殊历史时期，法制与法治似乎在这一领域沉睡和失灵，没起应有作用，一条条生机盎然、鱼翔浅底、草木苍翠的河流就这样从地球上绝迹、消亡、蜕变……

从2006年起，国务院连续多年在《政府工作报告》开始提出，"要做好'三河三湖'、南水北调水源及沿线、三峡库区和松花江等重点流域污染防治工作"，可视为国家开始审视河流问题的前兆。但是"污染"只是河流健康受到浅层次损害的表现，比其更严重的破坏，如河流被填、被截、被硬化渠化，这些几乎不可逆转。

从国内立法情况来看，显然未清醒认识世界水坝委员会提到的"通常是不必要的代价，特别是社会和环境方面的代价"。对河流健康缺少综合认识，停留在污染层次，导致比"污染"更需要做扎实"防治"领域，如大肆填河等，熟视无睹、无动于衷，处于无作为状态。

来自发达国家的深刻教训是，为了各种经济目的把河水分光用尽之后，要想恢复健康的流态十分困难，甚至部分恢复，代价也十分昂贵。如果在河流工程建设前能够对河流带来的益处进行全面的评估，才有可能形成更高效、公平和可持续的方案。近邻的日本值得学习，其提出了面向21世纪的河流策略，"确保一般河流的水量；恢复洁净水流，保护水质；确保生物多样性，及其生存与繁衍环境；确保水生物的生存与繁衍空间的连续性；形成具有多种形状的河道；形成良好的河流景观与滨水环境；将城镇改造成为与滨水环境成为一体的居住区"，如今国内的河流，恰恰处在这些描述的反面。

近几年我总萦绕着一种感觉，不是错觉，即当今国内对待河流的态度，如同"文化大革命"时期对待文物——当年是不把文物破坏就不足以体现破四旧的决心，今天却是似乎不把河流、河滩、河堤、河畔、河川毁掉开发就不足以体现发展的决心和势头，不足以体现改革的魄力和风格。暴力却持续着。

君家门前水，一年两经过，去时江花红，来时江花落。

溪桥霜草白，征雁在天北，日日临波问，可是江南水？

江天一色无纤尘，皎皎空中孤月轮。江畔何人初见月？江月何年初照人？

杨柳青青江水平，闻郎江上踏歌声。东边日出西边雨，道是无晴却有晴。

而这些古老的句子，与河流有关，关于离合的爱情，关于难舍的乡情，那些河流、江畔、江边发生过的故事，引发过的思绪与情感，被才子佳人落笔成文，千年岁月流淌后，故人远去，缭绕的文字与沉浸的情感依旧被人们收藏和钟爱，渐成经典，今天读来，仍然清风和煦，温情隽永。

"这条生命的河流，每当面对它，我就变成了一个诗人，我觉得自己如同它岸边的一株清白的植物，不蔓不枝，活得坦然，活得真实，活得像我自己，不欺人不骗人，对得起自己的心灵。"当代细腻的女文人这样阐述家乡的小河。只有面对河流时才能舒展、释怀，"活得坦然，活得真实"。

究竟什么真正能够打动我们，能够持久温暖？答案不会是金钱、权力，不是香车、豪宅。只会是内心的情感，是我们自己心底的共鸣和温暖，是一股股的心灵暖流，一脉脉的温情惬意。

比如乡情，但凡提及故乡，依稀浮现的，是故乡的小河，河畔的老屋，村口的老树，乡道上奔跑的小黑狗，捉鱼摸虾归来的小顽童，屋顶的炊烟袅袅，灶台上忙碌的母亲，慈祥的奶奶……思绪散绕，往往难以平静——没有河流的故乡，还会是故乡？

还有爱情，"春梦随云散，飞花逐水流。寄言众儿女，何必觅闲愁"①，《红楼梦》中，警幻仙子让宝玉听这首"春梦"歌，本义是借"散云""飞花""流水"，启发他

---

① 《红楼梦》第五回写宝玉在可卿房里睡着后，梦见自己在可卿引导下来到了一个"人迹稀逢，飞尘不到"的仙境，即第一回书中提到的"太虚幻境"，忽然听到山后有人（即警幻仙姑）唱出了这首歌词。

"醒悟"，不要陷入情爱的纠葛中不能自拔，结果宝玉偏偏柔情似水，"飞花逐水流"，越陷越深，情爱似与河流同样禀性，都是逐水流芳。

再往前，有数千年前孔夫子立黄河之滨，有感而叹：逝者如斯夫！

人不能同时跨进两条河流，如逝去的河川一般，时光也是流变不居。如此的缥缈中，人类终极意义上的幸福归宿在哪里？背井离乡、强装欢颜的"奋斗"究竟是为了什么？为了蜗居大都市的水泥森林，还是一份不着边际的功利浮名？物质财富不断增加为什么国人幸福指数却不断下降？游子总念返乡，落叶总思归根，却为何非要等叶将落时再归？那时，是否还有白发苍苍的爷爷奶奶、父母双亲在村边等候；曾承载了那么多童年的欢乐和记忆，水草丰茂、盛产鱼虾的村边小河是否在仍然清澈地流淌？若已碾落成泥化成路，或已硬化成渠，即使恍惚间牧笛声声，面对家乡的小河，又还能生出舒展真我的坦然吗？

遗憾的是，在急剧发展、极速蜕变的中国，家乡的小河能和千万年来一样静静地流淌，竟成了一种奢望，只能说"我有一个梦想"（I Have a Dream）①。如果说人渐老而衰、而亡，是亘古不变的规律，无法逃避与抗拒。那么，作为地理印记，最能代表一个区域特色和文化，最能承载地域情感的河流，那条在村边流过了千万年的小河，在我们生命里流淌了整个童年、少年的小河，这短短数十年里，却已基本变污或干涸，甚至完全被埋填，上面建成了灰尘马路，或立起了白瓷砖贴面的楼房——成了大半个中国有水皆污、有河皆干的真实写照——不是物是人非，而是物非人非，何处，又是家乡？

想到冬虫夏草，冬天虫，夏天草，是神奇的宝，短暂生命跨越了动、植物两大界域。那么，河流呢？落花有意，流水无情，河流真只是自然界没有生命的存在形式？但是，还可能有一种什物和河流一样，缘自卑微，亘自远古，奔流不息，福泽大地，滋养生灵，沃野千里，承载万物，绵延布景，有深有浅，亦动亦静，生机益然，孕育文明，抚慰灵魂，繁荣诗文，最终入江、入湖、入海，消融于无形？冬虫夏草为神奇的小什物，河流难道不是更神奇的大什物？河流显然有生命，河流以及与其依附生物显然应有属于它的生存权利。

"长江、长城，黄山、黄河，在我心中重千斤"——至今传唱大江南北的《我的中国心》，道出了大江大河与中华民族一脉相承、血脉相通的情感属性。

河流两岸年年开着相似的花朵，河流两岸年年走着不同的人。《小芳》的知青回乡前约会小芳的小河，怕早已失去旧日风景，和广袤乡村的河流一样，污水横流，臭气熏天，甚至被填被埋。

---

① 1963 年，美国黑人领域马丁·路德·金在林肯纪念堂前向 25 万人发表了著名的演说 I Have a Dream，为反对种族歧视、争取平等发出呼号，并于 1964 年获诺贝尔和平奖。1968 年 4 月 4 日，被暗杀。

　　河流、森林、草原、滩涂，都不只是属于现在的我们，还属于我们的子孙，属于整个自然和宇宙。

　　在还远远没有了解河流世界的美丽与神秘的时候，人类或许应该少一份傲慢，多一份谦逊，在立法与制度上，或许应该多一份关怀与审慎。

　　不能同时跨入同一条河流，是无奈。

　　再也看不到健康的河流，甚至看不到河流，是恐怖。这种恐怖，却在中国弥散，和每个中国人越来越近，越来越近。

　　河景、水趣，渐行渐远。人类，更孤单、落寞，与无趣。

第1章 河流与健康

1.1 河流新论

1.1.1 河流的含义与特点

河流，指陆地表面上经常或间歇有水流动的线形天然水道。

在我国，河流有很多称谓，较大的被称为江、河、川、水等，较小的则被称作溪、涧、沟、渠等①。举例来说，北宋大理学家程颢的一首七言绝句中写道："清溪流过碧山头，空水澄鲜一色秋。"里面提到的"清溪"，即小型河流。

一条河流的形成，大都经历过板块构造运动、沟谷侵蚀、水系发育、河床调整等历史时期。尽管每条河流的地质条件和地理形态各不相同，但都拥有共同的生命特征：即基本水量、水生生物、稳定的河床、健康的流域生态系统等。

河流一般分为源头、上游、中游、下游、河口等几段，并具有分布广、流域长、水量较大、取用方便、生态多样、渔业资源丰富、自净能力较强等特点，一直是人类最主要的淡水以及蛋白质来源。即使在今天，仍是国内工农业及居民生活用水主要来源，此外，也一直被用作来航运②、渔业、发电、调水水源，甚至被用作"纳污明渠"来排污纳垢等。

那么，与塘、湖、堰、海、汽、冰川等水体相比，河流有哪些特点？包括哪些要素？虽然常看到河流，常听说河流，对于河流的本质与要素，却很少有人明了或思考，但这与河流健康密切相关，有必要做些阐述。

---

① 藏语称藏布，蒙古语称郭勒。

② 水运成本是铁路运输的1/2，是公路的1/2.5。我国仅长江的干支流通航里程就达7万余千米，占到全国内河通航总里程的65%。

河流作为最重要的淡水存在形式之一，具有以下主要特点：

（1）存在于陆地表面。河流是流淌于陆地表层，肉眼可见的。地下河从广义上来说也是河流的一种，但非本书论及范畴。

（2）河水在河道里呈线形存在。塘、湖、堰、海等则呈块状，水气、冰川则分别为无固定形状或不规则形状存在，唯有河流呈线形存在。

（3）河水总在不间断流动。塘、湖、堰、海中的水基本无流动，湖、海中即使偶有水流涌动，多是因为受到外力影响，是偶然、无规律的。而河流中水的速度虽然有快有慢，但总在不间断地向下游流动。

（4）河水流量能保证河流生态与环境的需要。河床中不但要有水，对水量也有要求，比如要保证必要的生态流量。[①] 如果没有外来破坏，河水流量具有相对稳定性——虽然流量和雨量、季节等因素有关，但从长远看，河流绝大多数断面的年径流量及季节流量基本是稳定的，这是亿万年来自然竞择后的相对平衡。

其中，河水的持续流动性是河流的首要特点。此外，气候因素是影响河流发育最基本的因素，包括降水、气温和蒸发等要素，其中以降水最为主要。

另一方面，河流与塘、湖、堰、海、汽等往往有相融相通的关系，比如河流中下游，往往有众多的塘、湖、堰。在天旱或枯水季节，它们是相对独立的塘、湖、堰；到了丰水季节，它们就与河流相连通，进行水体与生物的交换，甚至成为河道河段的一部分。此外，河道在流淌时，无时无刻不在产生水汽，而河水大多最终要流向大湖、大江或大海。即河流具有完整的生命形态。它们是由源头、干支流、湿地、连通湖泊、河口尾闾等组成的水循环系统，经过漫长的水流作用，形成了稳定的地貌形态和贯通的水文通道，从而使水体在大气、陆地和海洋之间不断循环。

"涓滴成河，河落海干"随手拈来的两句成语，似乎就在诉说着水滴、河、海的依存关系。

1.1.2 国内河流概况

从资源角度而言，国内河流的首要特点为数量多，流程长。全国流域面积在 100平方千米以上的河流有 50000 余条，1000 平方千米以上的河流有 1580 条，大于 1 万平方千米的河流尚有 79 条。世界最长的河流中，长江和黄河分别排第三和第五位。此外，流经或发源于中国的澜沧江（下游称湄公河）、黑龙江，都在世界最长的十大河流

---

① 生态流量的定义，一般分为狭义和广义两种。前者指维持河流生态与环境需要的最小流量，主要针对维持河流自然生态系统最基本的需要；广义生态流量为狭义生态流量加上下游人们生产、生活需要的小流量，除了满足自然生态系统的基本需要外，要包括下游取水、用水、航运、稀释废污水、景观与旅游等方面需求。所以，生态流量一般采用广义生态流量的定义比较合适。

之列。如果按照水系分，我国则主要有珠江、长江、黄河、淮河、辽河、海河和松花江七大水系。

比较来看，中国陆地面积约与欧洲及美国相近，大河的数量却远远多于欧洲和美国。面积为中国两倍多的北美洲，长度超过1000千米的大河条数也仅为中国的2/3。如果把国内的天然河流连接起来，总长度达43万千米，可绕地球赤道10圈半。

水量丰沛是中国河流的又一突出特点。平均每年径流总量达26000多亿立方米，在世界各国中居第五位，只是国内河流水量在洪、枯期水流量相差悬殊，此外在地区上分布很不均匀。河网密度总的趋势是南方大，北方小，东部大，西部小。其中长江和珠江三角洲是中国河网密度最大的地区。西北内陆河较少，河流水源不丰，沿途多沙漠和戈壁，蒸发渗漏严重，很多河流为季节性河道。

除了丰富的河川径流，国内还有世界最高的山脉和高原，许多大河从这里发源后奔腾入海，落差特别大，因此水能丰富，约为6.8亿千瓦，居世界首位，相当于美国的5倍多，占全世界水力蕴藏总量的1/10左右。[①]

应该来说，河流是青睐于中华大地的，拥有众多宝贵的河流资源。按照河流径流的循环形式，有注入海洋的外流河，也有与海洋不相沟通的内流河。外流区域的湖泊都与外流河相通，湖水能流进也能排出，含盐分少，称为淡水湖，也称排水湖。[②]

国内河流分布和地势最主要特点是南丰北枯，西高东低，由于长期被灌输"征服自然"的观念，使得筑坝发电、调水取水、硬化渠化等各种河流工程在国内当今阶段轰轰烈烈、方兴未艾。

1.1.3 每条河都是唯一的

截至2000年，国内共有近666座大中城市，其中638座城市受河流的恩泽，4个直辖市和27个省会城市都傍河而建。

河流作为大自然的重要组成元素，是大自然对人类的最大恩赐之一，每条河流都是唯一的，无论在物质层面，还是在精神层面，河流都让人类无法割舍。

在自然界经过亿万年的自然竞择后，河流才能在流向、河床、水量、河中生物、与周边自然环境融合相处等因素上成就了自身，并恩泽于大地——物竞天择，不仅适用于生物，同样适用于亿万年来流淌至今的河流。

从历史角度而言，河流孕育了生命诞生，持续提供了清洁水源。人类的繁育与进步，文明的发祥与进化，都与河流有关。看看四大文明古国与黄河、尼罗河、底格里

---

① 黄锡荃.中国的河流［M］.北京：商务印书馆，1995：3-4.
② 内流区域的湖泊大多为内流河的归宿，湖水只能流进，不能流出，又因蒸发旺盛，盐分较多形成咸水湖，也称非排水湖，如青海湖以及海拔较高的纳木错湖等。

斯河和幼发拉底斯河的关系，估算一下有多少国家首都或重要都市沿河而建，盘点一下国内多少省名与河流有关，就不难知晓人类对河流的依赖和眷恋，每个人的生命中都有一条河，外地的游子与家乡的河流是血脉相连的，一方水土养一方人。

除了生存意义上的河流，还有精神层面上的河流。我们日常所见以及印象中的河流，都在不息地奔腾，故孔子有"逝者如斯夫"的千古一叹，李白和苏东坡分别有"黄河之水天上来，奔流到海不复还"和"大江东去，浪淘尽，千古风流人物"的抒怀写意，苏轼在夜色中望着滚滚江面也有了"叹吾生之须臾，羡长江之无穷"的伤怀感慨，这些都已成为中华民族精神与文化的瑰宝，世代传承。"长江、长城，黄山、黄河，在我心中重千斤"——至今红遍大江南北的《我的中国心》，道出了大江大河与中华民族一脉相承血脉相通的情感属性。

在欧洲，莱茵河、罗讷河已经进入了休闲观光的时代。河流已经走过了开发水利、兴建水坝、河流污染的阶段。人们越来越看重河流的休闲观光价值。与河流近，与自然才近，生命才能舒展，健康才可持续，反之亦然。临河而居，在自然河流里游泳垂钓、捉鱼摸虾，在河畔散步、野炊、戏水，这些数千年来一直持续的生活情景，到了21 世纪，反成了人们深深渴盼的生活与休闲方式，平常的自然清澈的河流，在商品异常丰富的今天，成为极度稀缺的珍贵资源。

1.1.4 河流价值的再认识

河流保护卫士汪永晨女士说过一句话，"没有河流的故乡还会是故乡？"此话让人印象深刻，道出了河流对人类生活、情感的重要性。

河流既是一种优美的环境要素，也是一种珍贵的资源形式。各种环境元素中，同时完美的具有这两种属性，并结合的如此妥当的可谓绝无仅有。

不妨结合著名的马斯洛的需求层次理论来总结分析一下河流对人类的综合价值与意义。

马斯洛的需求层次理论把人类需求分成生理需求、安全需求、社交需求、尊重需求、和自我实现需求五类，依次由较低层次到较高层次排列为：

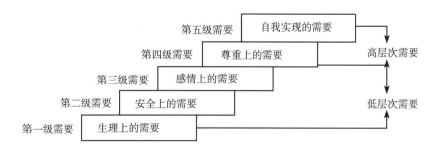

从表 1.1 不难看出，无论在人的哪一级的需求中，都能或大或小的找到河流对于人类的意义与价值。可以说，在自然界其他元素中，没有任何一种其他元素能与之媲美。

表 1.1　河流对人类的价值

人的需求五层次	对应关系	河流对人类的价值
生理需要：饥、渴、衣、住、性	⟶	提供水源和食物，解渴、洗浴、饮用、浇灌
安全需要：人的感受器官、效应器官、智能和其他能量是主要寻求安全的工具	⟶	安慰浮躁，稀释焦虑。流水潺潺，水草丰茂的优美环境有助于人类心灵宁静与安全
感情需要：友好或归属	⟶	化解负面情绪，生活在河流等自然环境中的人类更容易得到亲切感、归宿感
尊重需要：分为内部尊重和外部尊重。内部尊重指一个人希望在各种情境中充满信心、能独立自主；外部尊重是指一个人希望，受到别人的尊重、信赖	⟶	与山水相处打交道时人类更容易充满信心，体验独立自主，自尊自重情绪更易滋生。诗云："我见青山多妩媚，料青山见我应如是。"（辛弃疾），即隐有此意
自我实现需要：自我实现需要所采取的途径因人而异。自我实现需要自己越来越成为自己所期望的人	⟶	在山水间进行休闲渔业、休闲运动时能体会到愉悦与自我实现

人类财富是逐步演变的：以地球表层生态环境为基础，利用物种繁殖规律获取财富，是人类第一次财富革命，也即"生态财富革命"；随着矿石、石油、天然气以及风能、水流势能等自然资源存在和运动形式都可以转换为效用，人类迎来了"硬财富革命"；计算机产业和网络虚拟产品以及金融产品、知识产品、服务等，以人的思维为基础的财富形态就叫作"软财富"。①

其观念由下图所示：

生态财富 ⟹ 硬财富 ⟹ 软财富

这个观点显然有新颖可取处。但对财富的定义狭隘了，在软财富之上，应该还有环境财富。河流带来的优美自然环境以及滨河景观、休闲、运动而带给人类的愉悦、健康、幸福感，都应该是环境财富。环境财富是比硬、软财富更符合人的天性、层次更高的财富，就像广为流传的富翁与渔夫的故事一样，能在风和日丽的海边晒太阳，是解决温饱之后拥有大量物质财富的富翁和不拥有大量物质财富的渔夫都向往的生活——风和日丽的海边，本来也属于环境财富的范畴。

---

① 腾泰. 财富的觉醒［M］.北京：机械工业出版社，2009，19.

几者的关系由下图所示：

生态财富 ⟹ 硬财富 ⟹ 软财富 ⟹ 环境财富

那么，河流为人类可提供什么财富？

答案是都能。如，人类捕获的河鱼即为生态财富；利用水能发的电即为硬财富；而因河流环境好，人类由滨河休闲、运动等产生的愉悦与健康，则是环境财富。那么，如果说人的思维，人的灵感为基础的财富为软财富的话，河流生态与环境无疑有利于这种财富的实现。利用河流发展的漂流、休闲等增值服务无疑也属软财富的范畴。而环境财富与生态财富的区别在于，生态财富主要强调的是从生态环境中获取基本的物质需要，而环境财富主要是在强调人类精神愉悦与幸福感指数上，优美的环境必不可少。智者乐水，河流更是其中必不可少的组成要素。

在人类温饱得到满足以后，物质财富带来的满足感显然呈现边际递减效应，而环境财富带来的健康与满足感不断凸现和放大其价值。对不少人而言，环境财富将是比硬财富与软财富更有吸引力的财富。早期人类社会，只可能拥有生态财富与环境财富，而人类发展到社会主义社会后，化繁为简，满足人类基本物质和精神需求的仍然是生态财富与环境财富。

若按照生态系统价值的一般分类方法，河流的价值则可分为两类，一类是利用价值，一类是非利用价值。在利用价值中，又分为直接利用价值和间接利用价值。直接利用价值是可直接消费的产出和服务，包括河流直接提供的食品、药品和工农业所需材料，也包括对于水资源的开发利用价值。间接利用价值是指对于生态系统中生物的支撑功能，也是对于人类的服务功能。包括：河流水体的自我净化功能；水分的涵养与旱涝的缓解功能；对于洪水控制的作用；局部气候的稳定；各类废弃物的解毒和分解功能；植物种子的传播和养分的循环等。此外，无论是高山大川、急流瀑布还是潺潺溪流或荷塘秋月，其本身具有的巨大美学价值，可以满足人们对于自然界的心理依赖和审美需求。在历史长河中，河流自然遗产财富是几千年人类文学艺术灵感的源泉。

另一大类是非利用价值，它不同于河流生态系统对于人们的服务功能，是独立于人以外的价值，分为选择价值、准选择价值、遗产价值和存在价值。非利用价值是对于未来的直接或间接可能利用的价值，比如留给子孙后代的自然物种、生物多样性以及生境等。试想，如果在我们这一代里，像白鱀豚这样的物种一个接一个变成濒危珍稀物种，在河流的生态的食物链中不断地缺失和断裂，造成河流生态系统功能的退化，其河流价值的损失将难以预计，殊不知对于子孙后代生存会造成什么样的负面影响。在非利用价值中，"存在价值"被认为是生态系统的内在价值，可能是人类现阶段尚未感知的但是对于自然生态系统可持续发展影响巨大的自然价值。

时至如今，我们必须认识到，河流才是原居民，人类只是外来者。

没有健康的河流，就没有健康的流域；没有健康的流域，就没有健康的社会。

1.1.5 河流与人权关系密切

当前阶段，河流状况是人权现况的重要体现，甚至是决定人权状况的重要因素之一。

众所周知，人权的问题首先是生存权的问题，然后是生存质量的问题。而决定生存质量的，主要是社会制度与自然环境两方面。如今是"仓廪实而知礼节，衣食足而知荣辱"的社会阶段，社会制度对人权的影响力已明显呈边际效益递减趋势，在外在方面起主导作用的已是自然环境。

自然环境又可以简单地分为两个层次：保障基本生存的空气、水源等，这是低层次，至少在国内已有保障；令人心情愉悦的优美自然风光，这是高层次，却是国内欠缺的。

按马斯洛著名的需求五层次论，让人心情愉悦的优美自然风光，已不再是为满足基本的生理需要，而属于情感与归属层次，可谓与人权现况、生存质量密切相关。

让人心情愉悦的优美自然风光，对重写意喜山水的国人来说，最主要的是山与水的风光。移山难，改水易，且山峦多呈点状分布，影响面小；河流呈线形流淌，涉及面广，这使得水，尤其是河流在自然风光中占有独一无二的特殊地位。也就是说，优美、原生态的河流风光是体现人权状况的重要因素——实际上，它不仅体现了自然环境，也体现了该国立法、执法体系等社会制度。

从生命及人类起源来看，生命形式最早是在海洋出现，却是河流助其从海洋走向内陆地，不断孕育新的物种与新生命，并持续提供新鲜清洁的水源，最终才有了人类的出现。从这个角度而言，河流与人类、与人权的关系也是密不可分。

人权不是空话，人权不是口号，它理应落实到各阶段与民众生活密切相关的领域与环节。

目前的社会阶段，对大多数国家，包括国内大部分人而言，与人权联系最密切的是环境的问题，最关键的是水的问题，进一步细化的话，最核心的又是河流健康问题。

不能同时跨入同一条河流，是无奈。再也看不到健康的河流，甚至看不到河流，是恐怖。

白鳘豚会灭绝，河流也会灭绝。河流并不仅属于现在的我们，还属于我们的子孙，属于整个自然界。在还远远没有了解河流世界的美丽与神秘之时，人类或许应该少一份傲慢，多一份谦逊，多一份亲近，少一份冷漠，在理念、立法与制度上，或许应该多一份关怀与审慎。

所以，人权与河流不仅有关系，而且关系密切，河流现况是决定人权现况的重要因素；人权的落实与保障的重点，切切实实到了应该更加重视环境，着重注意河流健康的阶段。

相关链接：

　　世界上具有广泛的，甚至全球性影响的古文化系统发源地至少包括：西亚的底格里斯河和幼发拉底河的两河流域的美索不达米亚平原；北非的尼罗河流域的古埃及；南亚印度河—恒河流域西北部的古印度；中国古代的黄河中下游地区。这四个古文化中心都形成于河谷、盆地之中，均与灌溉农业有关，彼此间很早就有交往，文化方面也有影响。而美洲中南部的玛雅文化中心和印加文化中心的形成比上述四个地区较迟，并且形成于高地上，自古以来与前四者隔离。上述这些地方都有较好的地理位置，它们在农业上获得了突破，如灌溉技术、谷物栽培、种植、播种和除草方法，收割、储藏和销售系统，都有了提高与改进，这些地区的先进文化不断向外扩散，从而引起更大范围内文化的变化，形成较为完整的文化系统和文化区域。

1.1.6　人河关系总结与设想

人与河流的历史关系，以大时间的视野，可以这样粗略划分：

自然相处阶段 ⟹ 小规模治河阶段 ⟹ 大规模治河阶段 ⟹ 和谐互处阶段
（原始、奴隶社会）（青铜工具出现后）　　（工业革命后）　　（生产力极大提高后）

　　在原始、奴隶社会，人与河基本是自然和睦相处，河流和远古时期一样，基本不受人类对河流工程的影响，人类对河流的需求停留在汲水与捕鱼充饥阶段。那时人类对河流的影响并不比捕鱼饱腹、饮水解渴的棕熊大。草木岁岁枯荣，河水涨涨落落，洪水到来或河枯石露，都是自然现象，人类出现以前就是这样了，有的物种期待着洪水到来，有的物种又需要枯水来临，自然界就是这样，需要此消彼长，相依相伴又相互牵制。

　　到了封建社会，青铜工具大量使用，农业生产渐成气候，生产力有了较大提高，人口数量大幅增加。出于生产、生活的需要，人类开始与河争地，一方面修渠筑堤，另一方面引水灌溉，开始有了小型河流工程的出现，人对河流的健康开始有了浅层次的影响，站在人类的角度，这些工程中的大部分，更多地带来的是安定与效益，比如都江堰、灵渠等。

　　工业革命后，动力的使用、电力的出现，使得人类对土地、取水量、对水电的需求有了急剧的增长，水泥、制造、建筑行业的迅速发展，又使得人类填河、建造河流工程方面的能力不断提高，引水距离从几百、数千米变成了几百、数千千米，填掉一条河流甚至变得比建造一栋高楼还要简单。和对待其他自然资源一样，人类对河流的利用程度也变本加厉，完全以人类为中心，一切以当前利益为中心，成了急功近利的现代中国的真实写照。

这一切，发生在三四十年前的西方，却发生在今日之中国。

在西方国家日益认识到河流健康重要性，并在立法、实践等领域付诸实际行动的时候，国内还在重蹈覆辙，在对珍贵的河流资源进行不可逆转的持续性伤害。而一个物种灭绝了，会引来许多关注的目光，引发讨论与警觉；一条河流被填了，枯竭了，却没有人关注，掀不起一朵小小的浪花。

但是，人与河流最终要走向和谐共处，在物质极大丰富后，人类已逐渐认识到，幸福指数的继续提升和河流、草原、森林等自然资源密不可分，人类对河流终将多些感激与尊重，少些征服与利用——但如果在现今大开发、大利用的时期不在立法、政策、行动上给予足够的重视，这个步伐将会漫长、沉重、昂贵许多。

冬去春来，草易长、树易植，河流却难重生。

每一条河流都是唯一的。为河流的健康立法，完善河流健康的法律保障，正是为了少走弯路。

相关链接：

没有一座堤坝为河流而建①

11 年前，南水北调工程刚刚启动，我领了个任务，去探访这个巨大的水利工程即将穿行的地区。那个夏天，北方的日头分外耀眼，我在一个又一个村庄逛来荡去。有两个场景至今难忘。

在一个村庄里，我看到村头村尾到处都有用鸭蛋制成的松花蛋在叫卖，似乎是这里的特产。可我没在村里见过一只鸭子。村民说，原本这里有很多小河、池塘，后来几乎都干涸了。可村庄做松花蛋的手艺和名声都在，他们就四处收购鸭蛋，回来制作再出售。

在这个村庄不远，我倒是看到了一条小河，可刺鼻的臭味打破我对乡间生活的美好想象。令我印象更深刻的是，一个村民用一个长长的舀子，从河里舀出污水，倒入小河边的庄稼地里。他神态自若、慢慢悠悠，似乎这一动作已做了不知多少年。

后来我们知道，干涸和污染早已成了北方河流的癌症。而在南方，因为经济更早起飞，污染则更为严重。

就在今年，水利部第一次统计了国内的河流。新闻稿说，20 年来，中国

① 徐一龙. 消失的河流 [J]. 中国周刊，2013，6：20–22.

的大河少了一半。虽然我们在飞驰的火车上早已见惯了干涸的河床，可少了一半，仍然是一个惊人的数字。后来，人们发现，这多少是个乌龙。水利部开始语焉不详，躲躲藏藏。可河流的受伤，仍是个不争的事实。

那些伤害包括：干涸。在城市和城市之间，很多昔日雄伟的大桥毫无尊严，因为它下面只有深沟；污染。最糟糕的是，重污染的河水渗入地下，感染了地下水；切割。各种堤坝把河流切割成一个个小湖泊，被切断的河不再能叫作河，就像被五马分尸的人只能叫作尸；硬化。在城市里，河流被改造成抽水马桶似的有着光溜溜硬邦邦的壁与底，弥漫着年久失修还照常使用的抽水马桶的味道……

关于干涸，很多人说，这笔账要算在老天身上。特别是北方，连续十多年的干旱，是河流枯竭的主要原因。可问题在于，第一，可能只有老天才能算清，干旱和人们不节制地取水，到底各占几成原因；第二，即使干旱是最重要的原因，可这意味着人们要更加爱护河流，现实是如此吗？

干涸之外的河流受到的伤害，即使最无赖的人，也不能把罪过推到老天身上了。

经济发展，则是更理直气壮的理由。承认吧，其实，我们已经走上了先污染后治理的道路，在喊了十多年不能如此后。更多人心里的台词是，为了摆脱贫穷，环境是不得不先被破坏的。

是的，河流总要为人所用。没有一座堤坝是为河流所建，都是为了人。可我们总要在内心中建一座堤坝，自己明白，一旦过界，经济也好、健康也好，都会受到重创。

这需要达成共识，还要承认现实。

1957 年，英国人宣布泰晤士河"生物学意义"已经死亡。这通俗的说法，比我们专业的劣 V 质水要刺眼得多。这是英国人自己对自己毫不留情抽的大耳光，可向死而生，现在，在伦敦，当你打开水龙头，来自泰晤士河的水经过沉淀、过滤，已经可以直饮。

多年以后，我们还会翻开宋词，教自己的儿女，什么叫"大江东去"，什么叫"小桥流水"。或者听那首流传已久的老歌"浪奔、浪流，万里滔滔江水永不休"。当我们无法解释那究竟是怎样的场景，那消失的，又岂止是河流。

1.2　河流健康

1.2.1　河流健康概念

河流也有健康和死亡问题。在国内甚至越来越重视动植物个体的保护与救护的时候，却总在有意无意地忽视河流这一重要领域。

河流作为自然界一个有机的呈扇形分布的生态整体，首先其自身有健康与死亡问题，其次与相邻的生物共生共存，形成了互相依存的多生态环境与生命系统。健康的河流，才能更好地涵养水土、保护植被、调节气候、净化环境、美化景观，保证生态系统各种生物链条的正常运转，实现人类生态系统的良性循环。

在"智者乐水""江河行地，涓涓不壅"诉说河流可爱之处的同时，水魔、水患、洪涝也在阐述着河流似乎"残暴"的另一面。

那么，什么是河流的健康？是否温顺的河流就是健康的？比如，时常发洪水或者常有枯水期的河流就是不健康？

河流健康本身是一个相对含糊的概念，概括而言，指的是河流自身以及与周边环境处于自然和谐的状态。比如说，有些河流在雨季经常会发生洪水，乍看起来似乎是有害无利的，但实际上河中的生物以及河边的自然元素在亿万年与河流的相依共存中，早对洪水也形成了依赖关系，比如洪水对河泥的冲积与补充、对过多水草与落叶等腐杂物的清除、对河中鱼类的产卵与繁殖、对下游塘堰渠活水的补充、对某些昆虫与植物的繁殖与分布等均有重大意义，只是人类出现后，在河畔开荒种地，填河造地，修筑建筑物，并筑建河堤，一步步侵占河流的自然生存空间，与河流对峙，要"征服自然""开发河流"，洪水才被视为猛兽。

应该来说，河流流量特征分为三种：基础流量、每年发生的小洪水和偶尔发生的淹没洪泛区的大洪水。不同季节的低流量对生态物种影响又不同。小洪水促使鱼类产卵繁殖，形成低水质水流，冲刷河床使河中呈现出不同的顺序，也造成不同的生态环境，造成上下游不同地方同时进行的不同行为，例如上游鱼类迁徙和河岸种子发芽等。大洪水对河流的生态影响与小洪水相同，但其冲刷能力更强，足以重新塑造河槽的形状，能在河床上搬运大的鹅卵石和方石，并且在洪泛区淤积泥沙、营养物质、鱼卵和植物种子，补充河岸的土壤含水量，促使河岸的植物种子发芽生长，通过冲刷河口三角洲保持着河流和大海的联系，这些洪水淹没死水、冲刷河槽和滩区，促成滩区很多物种的生长，例如水鸟、蜻蜓等。

1.2.2 河流健康衡量标准

影响河流健康的因素有很多，有水形态因素、水动力因素、水环境因素、水生态因素和社会经济等。此外，每条河流无时无刻不在运动与变化，也决定了不能用静态的标准来固化河流健康的衡量。

什么样的河流才健康？波澜不惊被驯服的河流是否健康？河流往往会导致洪灾，是否该一填了之，永绝后患？或不断筑高河堤，将河流"束缚压制"起来？其实，河流的叛逆源自人类对河流内在权利和规律的漠视。比如不断提高规模的筑堤与河流争地，导致行洪不畅，在丰水年里洪水只好"横行"，再如河水被严重污染，河中臭气只好"遗臭四方"；河水被过度抽用，下游只能是礁石裸露，取水、航运困难，甚至断水断流，一派枯萎颓败迹象。

河流健康的客观基准点是什么呢？普遍认为没有人类活动干扰原始的河流状况是首选的健康状况，可以作为河流健康的基准点。但是，几千年的人类文明与经济发展，包括人口急剧增长，历史上发生的农业革命、工业革命以及土地利用方式变化，对于河流的开发利用，已经在一定程度上改变了河流的原始面貌。

关于河流健康的内涵，已有不少说法，有学者提出，河流健康应包括三方面的内涵：即河流自身结构完整，功能完备；具有满足自身维持与更新的能力，能发挥正常的生态环境效益；满足人类社会发展的合理需求[①]。还有学者指出，河流的生命要健康，应有一个完整贯穿的河道形态，并由众多支流和纵横水系汇集而成；河流的变化与运动以流动为主要特征；河流水体与其间的生物多样性共存共生[②]。也有学者认为，在人类进行大规模经济活动前的自然河流，可以定义为是原始状态。原始状态河流生态系统具有较为合理的结构和较为完善的功能，处于一种自然演进的健康状态。概括地讲，自然系统优于人工系统；人类活动干扰前的自然状态优于干扰后的状况[③]。

应该来说，最后一种观点更为简洁和易于判断，如果站在河流角度而不考虑人类利益，自然状态下的健康河流应该是不受人类各类工程项目干扰，按自身规律流动、演变的；考虑到人类需要，河流"除弊兴利"也只能在基本不影响或尽可能少影响河流的流动性、水流量、水质、河滩河谷、水沙通道、河流生态的前提下进行；人类开发利用治理河流时，必须考虑保证河流健康问题。

如果从河流的形成说起，沧海桑田，一条河流的形成绝不是一个短期或随意的过程，而是历经亿万年，甚至更长时间在自然界"博弈"后，才在源头、流向、流量、水深、水温、自净、泥沙、滩涂、长度、四季变化、河谷、流域、水中生物等因素上形成了自己的特点和规律，形成了一条条至今奔流不息或潺潺流淌、独一无二的自然河流，它们与所在地区的气候、河谷生物、流域水土、上下游水生物等形成了极其密切的内在和谐性。近些年来，这种和谐性被不断破坏，在新的生态环境理念的引导下，出现了包括水文、水质、生物栖息地质量、生物指标等单项或综合评估方法，才相应出现了"河流健康"概念。

判断河流健康与否的专业指标很多，包括水文情势（流量）、pH 值、浊度、漂浮物等，相关指标与体系相对庞杂，略繁就简，借鉴部分已有生态学成果，衡量一条河

---

①　孙雪岚. 河流健康的内涵及表征［J］. 水电能源科学，2007，6：33-34.

②　宋金凤. 河流伦理：从探讨河流生命权利开始［N］. 中国水利报，2008-10-26（6）.

③　董哲仁. 河流健康的内涵［J］. 中国水利，2005，4：12-13.

流健康与否应主要看三个方面：

（1）维持联系性。强调的是河流的流动性，河流系统可分为四维的系统，包括纵向、垂向、横向和时间分量。完整的河流生态系统存在着源头、中游和下游的纵向联系，也存在着干支流、洪泛区与通江湖泊的横向联系。失去联系性的河流就变成了湖泊或堰塘，必然失去健康与活力。

（2）保持栖息地和生物的多样性。这一点强调扇形的河流流域地形与生态的完整性，强调河水中以及河畔生态的平衡与健康，也就需要河流的水量、流速基本保持原态，河滨环境没受破坏。

（3）维护生态交换。主要包括三种生态交换过程：能量和营养的动态过程；维护动物和植物种群的过程；物种间的互相作用过程，这种作用影响群落结构，例如食饵与捕食、寄主与寄生、竞争等关系。

不同的河流，具体指标会不太一样，因为所在的地理位置及竞择结果、现有状况、受影响程度不一样，因而，在衡量是否健康及程度时要区别对待。同时，建立河流健康评估准则应因地制宜。中国幅员辽阔，各流域自然条件千差万别，河流历史数据又基本缺失，制定河流健康评估准则，不能照搬国外经验，也不可能制定全国统一的标准。应因地制宜地经过调查、论证，制定符合各流域自然及社会经济条件的健康评估准则。

如果用通俗的语言，摒弃具体的专业指标，基本的衡量标准应该民众在与河流的接触、观察中等就能完成，方法理应简单易判断，比如河水是否流动，水量是否保持正常范围，水质是否污染，鱼虾是否还存活等。

相关链接：

> 欧盟2000年颁布的《水框架指令》(*EU Water Framework Directive*) 的河流评估指标，就分为河流生态要素、河流水文形态质量、河流水体物理—化学质量要素三大类，共几十个条目，比较完整地反映了河流基本特征。而中国目前还没有全国范围内整体性的河流健康评估研究成果，但近年来，水利部所属长江水利委员会、黄河水利委员会以及海河、淮河、珠江、松辽河及太湖等七个的流域管理机构，分别开展了本流域河流健康评估标准的编制工作。

1.2.3 损害河流健康的原因

不妨将人类进行大规模经济活动前的自然河流，定义为河流的原始状态。原始状态河流及生态系统具有较为合理的结构和较为完善的功能，处于一种长期自然竞择演变后的健康状态。生态健康是一种生态系统的首选状态，在这种状态下，生态系统的整体性未受到损害，系统处于沉睡的、原始的和基准的状态。

河流在其亿万年里，只受自然界本身，如地壳运动、气候变化、地震、火山、山体滑坡的影响。然而，到了数千年前，人类发展到一定阶段，尤其是青铜与铁制工具出现后，农耕渐盛，水利兴修，河流开始受到自然界变化与人类活动的双重干扰，人类活动甚至成为影响河流健康的主导元素，尤其在进入 20 世纪后，钢筋、混凝土、挖掘机的组合，使得人类对河流的影响愈发剧烈，河流面目被迅速改变，以致恶化、病入膏肓、死亡或消亡……

（1）河道占用。为了经济社会的发展，人类强行占用本来是河流行洪的滩地和低洼地带，而不去主动为洪水腾退出本属于它们生命区域的空间。一旦遇到洪水，又总在拼命加高加固堤防，反而带来更大的风险，逐渐形成了恶性循环。

（2）河道堵塞。不断修建各种水库水坝河堤，一座水库或水坝就意味着一条河流被拦腰截断一次，一道水泥河堤就意味着一条河流的滨岸与河水被长久切断以及水生物和湿地面积的锐减。只有抓住规范人类活动这个核心，对不当行为进行约束，才是保证河流健康的治本之策。

（3）河水陡减。为了满足剧增的用水需求，人类千方百计地开发水资源修建引水工程，导致河流干涸、河流下游生态枯竭，结果是越缺水越开发，越开发越缺水，在水量问题上形成了恶性循环。

（4）河水污染。面对严重水污染，人类最先想到的是对污水下泄或对污染进行稀释，却忘记了人类活动本身才是污染和水土流失的根本原因。污染问题的表象在水上，根子则在岸上，在于人类的影响。采取经济和技术手段治理水的污染问题固然极为重要，但终究还是治标。

（5）过度利用。河流是多元素组成的生态组合体，同时为生态环境的组成部分，为满足人类的诸多需要，如防洪、治涝、灌溉、航运、供水、发电、放排、渔业、修桥、造田、采矿、挖砂、水文测验和动态监测，等等，而失去健康。

（6）生态破坏。流域内对河流的不合理地开发、利用自然资源也会间接河流生态环境的退化，并由此而衍生的有关环境效应，从而对河流健康产生不利影响的现象，如植被破坏、水土流失、山体破坏、土地荒漠化、土壤盐碱化、生物多样性减少等。往往需要很长的时间才能恢复，有些甚至不可逆转。

比如人类对通往河湖泊的行洪道填埋毁损，严重削弱了河流洪水的缓冲与消纳，影响了河中水生物的繁殖、食物来源等，同样也影响了河流的健康。以湖北为例，新中国成立初期该省有大小湖泊 1066 个，被誉为"千湖之省"，经过多年的建闸、筑坝、围垦，目前一平方千米以上的湖泊只剩下 181 个。湖北的现象只是长江流域的一个缩影——据统计，近 50 年来，长江全流域共减少水域面积近 12000 平方千米，仅 22 个大型的通江湖泊就减少了湖泊容积 567 亿立方米。20 世纪 50 年代，汉江湖群尚有湖泊 1006 个，湖面 8300 平方千米，现在只有 309 个，湖面已不足 2656 平方千米，湖泊面积缩小了68%。①

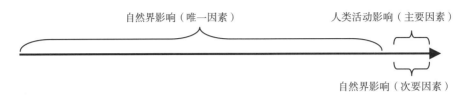

河流演变史

1.2.4 保障河流健康相关因素

如果立法对河流健康进行保护，必须对河流健康的要素进行梳理，列出主次与轻重缓急，再结合当前状况，制定相应措施。

1.2.4.1 河流健康的要素

什么对河流健康最重要？可根据重要程度进行列举：

（1）河谷、河床仍在。这是河流存在的基础性条件，是健康与否的最前提条件。被填被埋，用来修路筑堤增地扩地的河流最为悲惨，却在不断、持续上演。

（2）河中有水。是河流存在的基础性条件，也是前提条件。

（3）河水在流。河水在流才可称河流，水不洁净至少还有治理的可能。

（4）河水未被污染。有些毫无生气的人工河也没污染。

（5）河流生态系统基本完整。包括河中、河畔、流域以及上、中、下游等，比如那些水泥河床或人工渠道即不具备此要素。同时，河水基本未被污染，也才能保证生态系统的基本完整。

1.2.4.2 河流健康的程度

对河流健康的情况进一步细化，河流健康可分为八个层次：

（1）河道不再存在。（万劫不复）

（2）河里无水，河道仍在。（命悬一线）

（3）河里有水，水质被极严重污染。（生不如死）

（4）河里有水，且水没有被严重污染。（苟且偷生）

（5）河里有水，水被污染但水中有少量鱼虾等。（得过且过）

（6）河里有水，基本无污染但已被开发。（喜忧参半）

---

① 张平．长江体检：局部不健康，"病情"不断恶化［J］．中国水利报，2007-4-21（6）．

（7）河里有水，基本无污染且维持天然流态。（喜气洋洋）

（8）河里有水，完全无污染且维持天然流态。（喜极而泣）

其中，河床与流动的洁净河水是构成河流生命形态的主要标志，是河流生命存在的最重要的构件，是河流维持正常循环和健康的基本载体（图 1.1）。

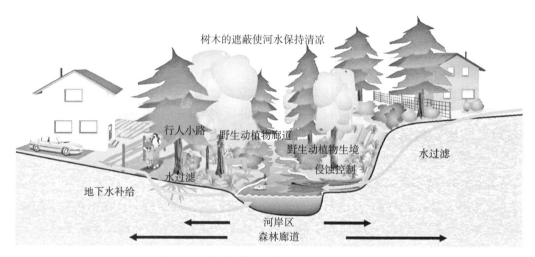

图 1.1 对河流健康至关重要的森林廊道图

1.2.5 河流健康的保持与恢复

1.2.5.1 河流健康保持的必要性

地球上纵横交错、涌动奔流着众多大小河流，将空间贯通成为一个生命的整体，使人类得以存在于茫茫宇宙中，并开出了灿烂夺目的文明之花。河流是大地活络的血脉，有了它，人类才生活得如此诗意：同船共渡、桥影流虹、物阜通流、桑梓丰饶、心智拓展……不舍昼夜的江河，把人类从蛮荒带入了文明。

人类对自然界、对河流施加的刻意、有意、无意的影响，野蛮的征服、开发、改造等活动，使国内河流进入有史以来的最糟糕时期，这也是"记不住乡愁"的重要原因。原有的自然水生态系统逐步退化，生态环境的协调性变差，水生态系统对区域水热平衡的调节能力减弱，生物物种退化和消亡，水体的循环演替功能消失，区域干旱化、可利用水资源锐减、土地沙化、生物资源消失、环境污染加剧等许多生态环境问题大量显现。

比如今天大家都不断肯定南北大运河对国家的贡献，但是很少有人提起其不利的一面：运河影响了所有跟它相交的河流，客观上造成黄河与海河、淮河之间灾害的互相关联和影响。如海河水系的河流原来都是分流入海的，但由于曹操开挖人工运河，使它们演变为合流入海，一些原来就较小的河流下游都淤塞了，今天治理海河实际上就是把合流改为分流，让水能流起来，水生物通道能畅起来。

但总体来说，几乎整个亚洲，包括国内，对河流的健康的关注视角仍停留在防治污染阶段，一条河被污染了，有许多人关心——当然这也是值得高兴的事——然而，一条河被填、被埋而消失了，却无人关注，反而习以为常，认为是经济社会发展，城市规模扩大的象征，于是有了河流工程快速上马，数量飞速增加，河流健康极速下降的惨痛。

该趋势也反映在国内的法律体系和立法计划上，至今只在关注河流开发和污染防治，却极少有河流大生态意识，极少关注河流健康与生态（相关问题在后面章节详细阐述），成为河流健康保护之桶上的"短板"，也致使加快国内河流保护立法成为必要、必然、必需的选择。

1.2.5.2 大多河流的健康可以恢复

国内绝大多数河流都已受到污染与河流工程的影响，许多已失去或正在失去健康。在防止河流健康状况加剧恶化同时，还应努力让失去健康的河流能够逐步恢复。

针对河流存在的不同问题，从源头开始治理，过程中动态调整，使河流逐步恢复因人类活动的干扰而丧失或退化的自然功能。一般而言，河流已不可能恢复到原始博弈后的健康状态，河流修复目标应是建立具有自我修复功能的较健康状态。最主要的标志是河水要清澈，要流动，水中要有鱼虾。

以河流被最严重破坏的情形——河床被填为例，即使河床流失，河水被引流，但只要在原河床重新挖出河道，河水能够恢复流量，并清理各种废弃物，经过不长时间，河流大多即会重新显露生机。韩国首尔的清溪川被填数十年后即是如此，在耗费巨额资金后，又恢复了活力。至于被污染类的河流，则一旦严格限污、治污，更会较快恢复。

河流生态修复是一个复杂的过程，不仅仅是技术层面上的问题，它还涉及公众参与、政府行为等诸多社会因素。将来的河流管理不应仅将重点放在调整河流系统来适应人类的需要上，而更应着眼于在流域范围内，限制、调整人类的开发行为来适应、恢复河流的生态系统。

1.2.5.3 国际社会对河流健康的恢复行动

从 20 世纪中叶开始，欧洲和北美的环保人士率先开始河流保护行动。当时一些人逐渐认识到，河流不仅是可供开发或利用的资源，更是河流系统生命的载体；不仅要关注河流的资源功能，还要关注河流的生态功能。不少国家，比如美国、加拿大、澳大利亚等国开始通过修改、制定环境保护法、水法、河流法、流域法，遏制大坝工程，保证生态流量，设置取水"封顶"量等措施，大大加强了对河流的保护力度（表1.2）。

以水质为例，2007年联合国环境计划署组织的"面向21世纪的水资源委员会"调查报告指出，世界的大江大河的水质欠佳。世界多半河流的水量日益减少，而污染程度日渐加重，正在流向死亡。该委员会对流域面积最大的25条世界大河进行了调查，发现其中6条水质已极差。1997年，中国第二大河黄河断流甚至达到226天。流入中亚咸海的锡尔河、阿姆河的河水流量减少到了原来的1/4，咸海的水位在过去30年间下降了16米，周围环境严重被污染，儿童死亡率为独联体国家之冠。美国科罗拉多河被用来灌溉150万公顷的农田。受农业垃圾严重污染，昔日绿色覆盖的下游，如今变成了盐碱沼泽。印度的恒河、墨西哥的莱尔马河则被评为最不卫生的河流。

表 1.2　世界大型水坝分布概况统计表

国家	数量（座）	占世界的百分比（%）
中国	22000	45
美国	6575	14
印度	4291	9
日本	2675	6
西班牙	1196	3
其他国家	8263	23
合计	45000	100

美国生态学家大卫这样评价亚洲的河流："河流河道和沿岸的生态环境普遍被破坏，对乡土物种产生了严重不良影响。人人都挤在一些新兴城市里，而且都想改善生活。伴随着大量水资源消耗的同时，环境污染进一步加强，人们对河流的调节力度越来越大，生态环境严重退化。在第三个千年之初，我们可以预言亚洲河流形势极其严峻。"国人对此反而尚无清醒的认识，可旧病未除，新病又至，更多的精力尚要忙于全国大面积的重度雾霾防范了。

1.2.6　"善待江河"

数年前，著名水利学家董哲仁写了一篇亲历文章，通过现况与历史的对比，对自己改造自然、献身河流工程的一生感到深深困惑，"善待江河"是文章的原用题目，道出了老水利专家的反思，现予以转载：

1966 年 2 月，我们清华大学水利系渔子溪水电站设计队从北京出发到成都后进入现场，几十名应届毕业生在这里开展"真刀真枪"毕业设计。

渔子溪是岷江的一条支流，奔流在深山峡谷中，两岸原始森林郁郁苍苍，瀑布飞泉比比皆是。每天翻山越岭踏勘，十分辛劳，可生活也充满了特别的乐趣。清晨，同学们在清澈见底的渔子溪旁洗脸和晨练。水中鱼、空中鸟，还有对岸的一群猴子也不怕人，在树林枝权上自在戏耍。穿过遍布野花的山坡去踏勘，有时还会与一只棕熊不期而遇。年轻人，火热的心，同学们都怀着把青春献给祖国的理想，以改造自然、建设祖国为己任，没听见谁说过一个苦字。那年夏天，我们这批毕业班的学生，怀着依依惜别的心情离开了渔子溪，奔赴祖国各地。继清华大学设计队之后，又经北京水电设计院、水电第六工程局上万职工日夜奋战，1972 年，渔子溪水电站投产发电。这是一座引水式电站，引水隧洞长 8.4 千米，总装机 16 万千瓦。电站成了深山里的夜明珠，一时传为佳话。渔子溪，作为人生旅途的第一站，我们这些清华学子从这里起步，开始了 40 几年的水利生涯。

2002 年 1 月，我出席在成都召开的全国水利厅局长会议，会务组安排部分代表考察渔子溪水电站。闻讯后，当晚辗转反侧，难以入眠。人生苦短，36 年过去，真是弹指一挥间。当年的热血青年，今日竟成了一名两鬓秋霜的水利老兵。就像当年高唱的清华大学水利系系歌歌词那样："住着帐篷和草房，冒着山野的风霜，一旦修好了水库大坝，我们就再换一个地方。"我在陕西石门水库工地搞施工 10 年后，又转向了水利科研战线，和科研团队一起，为攻克重大水电工程的科技难关，足迹遍布全国江河。这次又回到了职业生涯的起点，抚今追昔，实在是感慨万千。

是日下午，到达渔子溪月亮地闸首，眼前景象令我十分惊愕，我无法辨认这就是那条几十年梦中的渔子溪。它完全干涸了，奔流湍急的溪流不知何处去，它流入了 8.4 千米的引水隧洞。河床里巨石裸露，两岸山坡光秃，原始森林不知去向，鱼群、鸟群踪迹皆无，更别提当年那些可爱的猴子和棕熊了。公路上杂乱堆放着钢材和废弃设备，尘土和机油气味代替了当年的森林飘散的松香味道。

回到驻地，心情感到沉重。当年怀抱理想艰苦奋斗开发水电，却为下一代留下了这样一条面目全非的河流。我们为获得经济效益，难道需要付出这样惨重的环境代价吗？这就是改造大自然的结局吗？

回京后，渔子溪 36 年变迁景象盘旋在脑海，挥之不去。其后，我又有机会全面考察了岷江、怒江、沱江和大渡河，深入调研水利水电工程的生态影响问题。岷江水电开发主要集中在岷江上游干流和杂谷脑河、黑水河等支流，已建、在建和拟建共 38 座电站，绝大多数是引水式电站，需要建设 296 千米隧洞，相应造成总长近 300 千米河道季节性断流。生物学家的调查报告显示，河道季节性断流对鱼类造成毁灭性的打击。岷江上游干流和主要支流原生鱼类近 40 种，自 20 世纪 80 年代以后，二级保护鱼类虎嘉鱼已绝迹；重口裂腹鱼、隐鳞裂腹鱼和异唇裂腹鱼也很少发现。除了引水式电站引起河段季节性断流这种明显的生态退化问题以外，大坝工程也对于河流生态系统形成胁迫。水库人工径流调节改变了自然水文情势，营养物质在水库阻滞，洄游鱼类的通道被割断，各种生态问题不一而足。除了大坝建设以外，治河工程也把河道人工渠道化，蜿蜒型的河流被裁弯取直，加之规则的几何横断面和硬质护坡工程，把多样的自然河流改造成为单调的渠道，导致生物栖息地质量下降。一些防洪堤既缩窄了河道，又切断了河流与河漫滩湿地及湖泊的侧向联系。这些工程措施的实施，导致水生态系统产生不同的程度退化。这不但影响当代人的生存环境，更给人类长远利益带来无可挽回的损害。

反思需要勇气，要挑战传统，挑战自我。反思更需要理智，要实事求是，全面权衡。水利水电工程是国家的重要基础设施，对经济社会发展具有重要的支撑作用。一方面，要正确对待，妥善处理水利水电工程产生的负面生态影响问题，力争社会经济与生态环境协调发展。另一方面，也不能因为出现这种负面生态效应而否定水利水电建设，反对水利水电开发。简言之，既不能回避、否认工程生态影响问题，也不能以偏概全，因噎废食。坚持趋利避害，走可持续发展道路应是理智的选择。我们科技工作者的责任是为解决这个水利水电发展的瓶颈问题提供科学方法和技术支撑。

······

新中国成立以来，特别是改革开放的30余年，经济社会的变化可谓翻天覆地，其中最深刻的变化莫过于思想的转变和理念的提升。如果说43年前的渔子溪电站是国内水电建设初期的一个缩影，那么，今天的认识已有不同，"战天斗地，改造自然"的口号逐步被"自然和谐，生态文明"的理念所代替。在工程建设中尊重自然规律，坚持可持续发展，已经成为普遍共识。[①]

董老是著名的水利专家，从退休时到刚参加工作时的电站"回头看"，景象却令他十分惊愕，"无法辨认这就是那条几十年梦中的渔子溪······河床里巨石裸露，两岸山坡光秃，原始森林不知去向，鱼群、鸟群踪迹皆无，更别提当年那些可爱的猴子和棕熊了。"从而开始反省，意识到"要正确对待，妥善处理水利水电工程产生的负面生态影响问题，力争社会经济与生态环境协调发展"。该反思对当前火热的河流工程建设有着重要启示意义——盲目建设的越火热，对环境的破坏就越大，未来修复所需要付出的成本就越高。所得到的可能只是暂时的，所失去的却可能是永远的（图1.2）。

---

① 董哲仁. 善待江河 [J]. 中国水利，2009，17（12-13）.

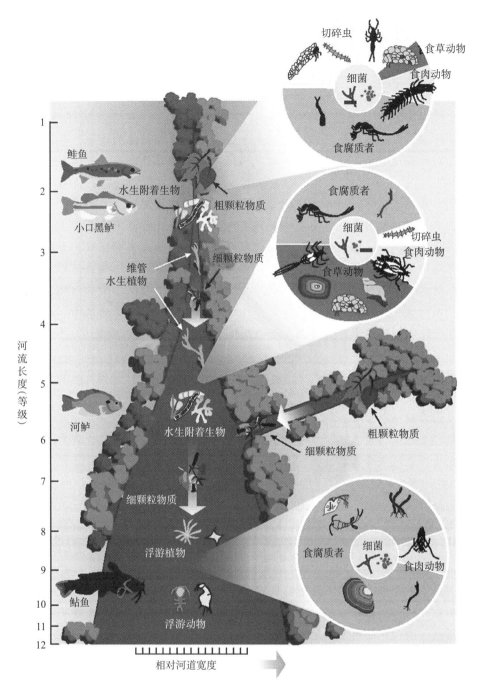

图 1.2　河流连续体概念图

1.3 国内河流健康现状

1.3.1 河流今昔

河流是宝贵、特殊的自然元素，既有优美的环境属性，又有优质的资源属性。但受自身角度局限，不同行业、不同价值观、不同年龄段的人看河流往往会得出不同结论，比如，水利水电行业的人看浩瀚长江，想到的往往不是"叹吾生之须臾，羡长江之无穷"类的诗情画意，而是"滚滚长江向东流，流的都是煤和油"，会考虑安多大的机组才能最大可能地利用水能。

在古代，生产水平有限，人类基本处于被动地位，相对强势的河流是自然和健康的；到了如今，生产力飞速提高，生产工具突飞猛进，人类逐渐处于主动地位，河流就变成了人类手里的面团，被随意捏揉，大多数河流逐渐失去了健康，生机盎然的河流生态开始"暗无天日"。如华北的海河流域，曾经通航的大运河已经基本无水，其余多条天然河流也长期断流，导致以往多条为消除水患而修建的工程设施使用率不高；京津冀地区，人均水资源仅 286 立方米，远低于国际公认的人均 500 立方米的"极度缺水标准"；洞庭湖区，一些市县"水窝子里没水喝"的尴尬局面已持续很久。可以说，水资源短缺、水污染严重、水生态恶化等问题已严重影响生态环境，甚至制约经济与环境的可持续发展。

1.3.1.1 河流往昔

河流长期为人类提供饮用、食物、洗涤、灌溉、舟楫等生活需要，却往往被漠视，不为当权者重视，为了宣扬帝王将相与某些英雄人物，更多的时候是成了反面素材，利用洪水衬托治水人物的大智大勇、百挠不屈。

因此，国内历史上虽有老子、庄子"天人合一"的倡导、阴阳家"天人一体"的呼吁、宗教界万物有灵、不杀生观念的潜移默化，但就国人与大河关系来看，大多时候仍在强调抗水、治水，水魔、水患、洪涝似乎成了河流的另一名词；母亲河长江、黄河留给人们的印象似乎多为桀骜不驯、危机四伏的"地上悬河"；河妖、水鬼故事也至今流传；对治水英雄鲧、大禹、李冰的评价，盖过许多"绝代天骄"，毫无争议地成为民族英雄。

各朝各代多将兴水利、治水患看作政务中的重中之重，视筑堤修堰、填湖造田为做官正业。似乎河流带来的灾害连绵不断，往往会在每年的夏季袭击国内南北江河，灾难不断。洪灾、水害水深火热，成为与河流联系最紧密的修饰。河流留给中华民族的，似乎更多的只是灾难的回忆，而其带来的诸多便利与益处，却大都被忽视了。

弊大于利，灾多于福，修堤坝、兴水利、治水患为千秋基业，历史上就这样形成了妖魔化色彩的河流观，影响至今，"余威"犹存，历久不散。

1.3.1.2 河流今日

当前国内河流健康的总体状况不佳，北方河流数量较少，流量也小，许多还是季节性河流，更容易被污染或填埋。南方河流总体状态要好于北方，尤其是东南部、西南部尚有一些保护较好的中小型河流，如贵州的赤水河、四川的白水河、湖北的清江等，但由于南方河流往往源自山区，易发洪水，尤其是落差大、水能丰富，成了各类河流工程的密集地。

改革开放不久，中共十四届五中全会把水利列为基础设施建设首位，国内官员独有的政绩观，加上当时移民、征地成本低廉，使得各级官员治水与兴建河流工程的热情空前高涨，并持续至今，国内河流工程的数量，也早已跃居世界第一。

2013 年 3 月 26 日，中央电视台《新闻直播间》报道了水利部对河流的普查结果："《第一次全国水利普查公报》公布的数据显示，目前国内流域面积在 100 平方千米以上河流有 22909 条。而过去统计，国内流域面积在 100 平方千米以上的河流有 50000 多条，新旧数据相差了 27000 多条。"河流消亡速度令人非常震惊。

近几十年来的大量河流工程，造成了一部分河流消失，余下的河流也基本开发过度，破坏了河流的生态功能，严重干扰和改变了河流的自然状态，造成河源衰退、河槽淤塞、河床萎缩、河道断流、水体污染等问题，严重影响着河流的健康生命。

人类对河流的利用，都以河流的健康存在为前提。一旦河流生命系统发生危机，以河流为依托的其他生态系统也就失去了存在的基础，其效用价值也就会消失或大打折扣。

事实会说话，用两起国内城市河流与自然河流均失去健康的例子来说明问题——恰好能代表国内东部和西部地区的河流的现状。

例 1 城市河流失去健康案例

六朝古都南京，河道消失速度令人咋舌。资料显示，近几年，上新河、城南的内秦淮河北段、清溪河、进香河、紫金山沟、九华山沟等均被覆盖，就连一些行洪河道，如下关的惠民河、鼓楼的内金川河也被填掉用以修路或者盖楼。据不完全统计，10 年内南京消失城市河流共 20 条，全长超过 15 千米，无主管河塘湖泊被填埋的更是不计其数。这使自然水系遭到人为地毁坏，功能退化。

进香河曾是南京城内一条重要河道，早年清澈宽敞，后来河道内淤积了大量垃圾，河道臭味扑鼻，被清理盖板，形成暗沟。惠民河，这是内秦淮河在城北地区主要支流。过去该地区积水和雨水主要通过惠民河往长江排放。后也因河道不畅，气味难闻，于 1998 年被填埋，成了惠民大道……

一位专家感叹道：这种恶性循环很可怕，像个隐性炸弹。污水越多，河道里面的垃圾、淤泥沉淀就越多，致使河底不断升高，这样一来，外水难以进入内河，内河水体难以流动，又促使新的垃圾、固体污物沉积河底，使外河水更难进入内河，污水无法消散，如此陷入恶性循环。

纵横在市内的河流、沟壑大都形成于天然，是城市的天然血管，具有调蓄水作用和净化环境的作用。其天然排水生态系统是任何人工手段都无法比拟的。河道没有被覆盖前是敞口，收水特别快，然后迅速通过水网带出主城。

被填之后虽有收水井，但收水量和速度已远远下降，遇到大暴雨，填河后遗症开始发作，像江苏路、西桥等地段都是这两年新出现的淹水区域——自从前几年内金川河西支被填后，只要遇到大雨就会成为泽国；全长 1600 米长的下关惠民河 1999 年被填，2000 年雨季，下关立刻淹水；近些年，逢雨季就全城淹水的现象越来越严重，这些都是城市"血管"被堵的后遗症开始发作。

河海大学的一位专家说，要知道这些年填埋了多少河道，看看南京的路名或者地图就知道了，只要路名上带有水字的，以前都是河。

例 2　自然河流失去健康案例

以四川岷江为例。它是长江上游重要支流，出山区入平原，干流全长 340 千米，天然落差 3009 米，流域面积约为 2.2 万平方千米，多年平均降水量 730～850 毫米，多年平均流量（紫坪铺站）450 立方米/秒。

令人担忧的是，在岷江上游干流却已规划了 18 座大中型水电站，其中 5 座坝式，5 座混合式，8 座引水式，水电站修建后虽存蓄了汛期的洪水，却截断了非汛期的基流，改变了天然河道的流量过程，天然河道水位下降甚至断流。

特别是引水式电站，引水渠首到电站厂房之间的河道，在枯水期天然径流量小于电站引水量时，将使减水河段完全断流。

如果规划的水电站全部修建，引水管道将达到 131.4 千米，若按河道长度是引水管道的 1.5 倍计算，枯水期断流的河道将达到 197.1 千米，占岷江上游河道的 57.97%。"此时，岷江将失去昔日大江奔腾的气势，而成为地下暗河。"[①]

据悉，《四川省水资源总体规划报告》中明确了岷江上游的开发任务是发电、调蓄洪水和枯水期工农业及生活用水，以保证成都平原和都江堰灌区的用水。而有的业主往往只考虑满足发电需要，忽视了水资源的综合利用，尤其是愿意开发投资小的电源点。

岷江上游干流"受伤"，支流现状又如何呢？

---

① 潘希. 长江水电开发应考虑生态流量［N］. 科学时报，2008-11-26（6）.

黑水河是岷江上游最大支流，也是地理意义上的岷江源头。黑水河流域水能蕴藏量达 170 万千瓦，规划为两座水库三级开发，其中竹格多电站开始动工。

杂谷脑河是岷江上游第二大支流，全流域规划将建成 1 个水库 9 个梯级电站。回龙桥电站、红叶电站、狮子坪电站、米亚罗电站、毕棚沟电站……从下游至上游，水电站一座接着一座。整个杂谷脑河很快将布满大大小小的水电站，几乎每隔十几千米就可以在河面上看到一座水电站……

以上案例从不同角度反映了国内河流现况：无论是城市的中小河流还是流经多地的大型河流，都普遍遭受严峻的考验，已经、正在或即将失去健康，有些河流，甚至已经"死亡""绝迹"或"灭绝"。只顾眼前利益、注重一己之私——"扭曲的利益观"是造成耗水过度、水质污染、河流不再健康的重要社会心理动因。盲目拉高速度、片面追求GDP——"被污染的政绩观和发展观"，更是危害水安全、河存在的重要推手。

1.3.2 有水多污

对国内河流健康威胁最大的是河流污染与河流工程，前者面更广，后者影响更为甚。

河水清澈，不仅是环保工作的反映，更是民众生活水平幸福程度的重要指标，甚至是衡量一个国家的社会发展水平和文明程度的重要标志。

遗憾的是，污染严重是国内河流当前面临的最主要问题，在国际上也"享有盛名"——虽然各河污染的程度有差别，但有河即污已成为国内河流的真实写照。中国七大水系的污染程度依次是：辽河、海河、淮河、黄河、松花江、珠江、长江。2007年夏天，环保部领导撰文写道，"被中国先民列为四大母亲河的长江、黄河、淮河、济水，几乎所有支流要么坏死，要么干涸；9 个大湖，7 个的水质已是五类以下。"[①]

以改革开放前沿阵地深圳为例，2010 年的普查结果显示，"深圳共有流域面积大于1 平方千米的河流 305 条，其中 219 条受到了相当程度的污染。普查还发现，全市河流约有 2/3 以上受到了不同程度的污染，特别是经济较发达的区镇内的河道已基本无清水可言，直接排入河道的较大的排污口约有 940 余个。"[②]

从深圳情况来看，河中无清水似乎已经成了经济发达的前提条件和伴生现象，排污口的多少成了经济发展程度的标志，几乎成了国内河流的普遍写照。

河流是被人类污染包括：工业污染源，农业污染源和生活污染源三大部分。工业

---

① 潘岳. 告别风暴靠制度，南方网［2009-9-10］. http：//news. 163. com/07/0910/08/3011404E000121EP. html.

② 赖业玲. 深圳流域面积大于 1 平方千米的河流 305 条 219 条河流备受污染［N］. 晶报，2010.

废水为河流的主要污染源，具有量大、面广、成分复杂、毒性大、不易净化、难处理等特点；农业污染源包括牲畜粪便、农药、化肥等；生活污染源主要是城市生活中使用的各种洗涤剂和污水、垃圾、粪便等，这些都在增加。

《2013年中国环境状况公报》中指出："在长江、黄河、珠江、松花江、淮河、海河、辽河、浙闽片河流、西北诸河和西南诸河等十大流域的国控断面中，仍有近十分之一的地表水国控断面水质劣于V类；在4778个地下水环境质量的监测点中，59.6%的水质较差甚至极差；在全国9个重要海湾中，7个水质差或极差。"大量天然湖泊消失或大面积缩减，"第一大淡水湖"鄱阳湖和"气蒸云梦泽"的洞庭湖湖面大幅缩小，"水情即省情"的湖北湖泊面积锐减、湿地萎缩。"水污染已由支流向主干延伸，由城市向农村蔓延，由地表水向地下水渗透，由陆地向海域发展。"水污染不断加剧，多半也是人为因素造成，正是由于人们向大自然无度索取，使得本已稀缺和变脏的水，变得更稀缺、更脏。

这些问题历来已久，可谓积重难返，在2007年7月时，当时的国家环保总局面对全国河流污染的严峻形势，无奈对长江、黄河、淮河、海河四大流域部分水污染严重、环境违法问题突出的6市两县5个工业园区实行"流域限批"，引起世界瞩目，却也是不得已而为之，多年过去，效果却几近于零。2009年，《凤凰周刊》以《中国百处致癌危地》一文作为封面故事，讲述了国内百处致癌危地，"癌症村"集中在中东部经济较发达地区，靠近城市，不同程度存在环境污染，特别是水源及河流污染。就连不毛之地的腾格尔沙漠，2014年都被化工企业严重污染，新闻曝光后，国家领导人进行严厉批示，才陆续得到一些整治（表1.3）。

表1.3 国内近年来曝光的河流重大污染事件

流域	污染时间	主要污染物	危害
新疆	2014年9月	化工污水	数十平方千米的沙漠被严重污染
云贵	2013年4月	矿业污水	昆明的东川河被污染，沿岸村庄的灌溉和饮用水受到极大影响
内蒙古	2013年初	化学污水	企业污水全排入中国八大淡水湖之一的乌梁素海
太湖	2007年5月	蓝藻	自2007年5月29日起，太湖蓝藻集中暴发而导致无锡部分地区自来水发臭，无法饮用
广东北江	2005年12月	镉	导致北江发生严重镉污染事件的韶关冶炼厂，曾被评为"全国治理污染先进单位"
松花江	2005年11月	苯类	2005年11月13日吉林石化双苯厂发生爆炸，污水主要通过吉化公司东10号线进入松花江

流域	污染时间	主要污染物	危害
沱江	2004年5月	高浓度氨氮废水	四川化工股份有限公司第二化肥厂将大量高浓度氨氮废水排入沱江支流毗河，导致沱江严重污染
巢湖	1998年始	综合污染	巢湖市从1998年开始利用国务院关于"三河、三湖"水污染治理重点国债项目资金
长江	长期	综合污染	近50年来，长江干流污染物增加了70%以上

1.3.3 不止是污染

河流要想健康，首先要存在。

水可再生，河流却不能。污染容易治理，被填、被截、被取直、被浇筑水泥河床的河流却难以新生。

污染对于河流，是可治愈的"疾病"，是对河水的暂时性影响，即使河水污染严重，靠着源头与支流活水的不断注入，河水的流动性使其仍有极大康复可能。因此污染对河流健康只是量和面的影响，一般不影响到生死之质。而被填、被截以及已永远失去自然生态的河流，就是河流的死亡了。在死亡面前，疾病就显得渺小了。再则，钢筋水泥的堤坝让河流开始走向渠道化。

以黄河母亲河为例：20世纪50年代初，在毛泽东同志"要把黄河的事情办好"的号召指引下，黄河流域进行了盛况空前的大建设，黄河水电开发的历史也由此启幕。

1960年三门峡水库建成蓄水，人们改造河流的信心也开始高涨。此后，黄河中上游大中型水利枢纽和中小水电站迅速耸起，数不清的阶梯式俨然在万里黄河上架起了一部"电梯"。

黄河水利委员会资料显示，1960年黄河入海年径流量数据为575亿立方米，而到了20世纪90年代中期锐减到187亿立方米。1972年黄河首次季节性断流，此后断水时长逐年增多，直到1997年，黄河暴发了有记载以来的最长时间断流：距离入海口700千米长河段228天完全断流，到了7、8月汛期断流仍然。

这时人们认识到黄河水要被用光了。第二年，中央政府下令限制黄河流域引水工程。黄河水利委员会规定50立方米每秒的入海流量为黄河预警流量，一旦接近或小于预警流量，将采取关闭附近河段引水闸门等紧急措施。这样，黄河才摆脱了断流的噩梦。50立方米的径流量也只能让黄河苟且偷生，黄河作为中国最早开发水电的大河已经无法恢复滔滔河水。

而黄河的命运在中国的大江大河重复上演，水利部普查的数据显示，新中国成立后至今全国修建了超过 9 万座水库。

2013 年 5 月，经 80 万名调查员的努力，水利部、国家统计局公布了《第一次全国水利普查公报》，揭示了国内流域面积在 100 平方千米及以上的河流约有 2.29 万条，比 20 世纪 90 年代的统计减少了 2.8 万条，污染程度也没有得到减轻。即好多河流没了，存在的也和以前一样，被严重污染着。《泰晤士报》就此发表社论称，环境污染已经代替过去的征地纠纷，成为让中国人最愤怒的问题。河流的消失对中国既是环境问题，也是个社会问题，"请环保局长下河游泳"于是成了国内 2013 年最热门的环保俏皮话。

鉴于国内河流污染现况，有不少学者认为，河流污染是对河流健康的最大威胁，国内现阶段维持河流健康的首要任务是水污染治理与控制。此类观点值得商榷，虽然污染是国内河流的普遍问题，但被污染的河流毕竟能有痊愈可能——因河床仍在，河水仍在流，一旦污染消除，河水自然也就清了，河流仍然可以恢复健康。

上一章中已讲到，河床与流动的河水是构成河流生命形态的主要标志，是河流生命存在的最重要的构件，河流存在与否须具备三要素：①河床；②河水；③河水在河床中流动。图示如下：

河床仍在 ⟹ 河床仍有水 ⟹ 河水在河床中流动

那么，对河流健康会产生较大影响的情形应依次为：

（1）河床消失。河床没了，川流变平地，河流彻底消失。

（2）河水消失。河水消失，河床成旱地，河畔生态基本灭失。但一旦有了水，如果河床还在，采取措施，假以时日，河流多半还可以恢复生机。

（3）河水不再流动。水不再流了，即使河床在，河水在，但此河实已非河，甚至可改叫湖、塘、堰了。

无疑，从河流健康的角度而言，不科学、不停歇的河流工程，将会使这些场景持续、不断出现，惹人悲叹。

1.3.4　河流工程及影响

河流工程，顾名思义，是在河流上或河畔修建的各类工程。种类很多，大到南水北调工程、三峡工程，小到引水渠、排灌站、机井站等。

从人类角度，河流工程可以帮助人类分配和利用水资源，防治水害，有较多正面作用，比如通过调节水量丰枯，抵御洪涝灾害对生态系统的冲击，调节生态用水，改善干旱与半干旱地区生态状况等。但以地球的自然属性来看，这却是以人类为中心得出的结论，没有考虑到河流作为另一方环境主体的健康问题。河流工程作为对国内河流健康威胁和影响最大的元素，虽然污染性相对较小，却直接和永久地损害了河床、河水、滨岸以及河水流动性，严重影响了河流的健康与生态，从长远来看，如果不给予必要关注并落实到实践上，最终会影响到人类自身的福祉和幸福指数，也影响到河流工程自身。

具体来分的话，河流工程有两层含义：

（1）指在江河上兴建的工程。如在江河上建设的水坝、堤防、护岸、闸坝等，这是根据河流工程的存在形态进行的分类。

（2）是以开发、利用、控制、调配河流资源为目的兴建的工程。如防洪、灌溉、排水、阻水、引水、蓄水等工程，这是根据河流工程的用途进行的分类。

参照《水法》第79条对水工程的定义，可将河流工程定义为——河流工程是指在江河上开发、利用、控制、调配和保护河流资源的各类工程。①即根据河流工程的用途进行描述——河流工程一般因"开发、利用、控制、调配和保护"五种用途进行开发与修建。

自20世纪50年代以来，各国河流工程数量一直呈急速上升趋势。以水坝为例，全球目前至少已建成45000个大型水坝，全世界一半以上的河流至少建有一座大型水坝；全球50%的大型水坝是专门为提供灌溉服务而建造的，在全世界27100万公顷的水浇地中有30%～40%的面积是依靠水坝提供灌溉的。

河流工程对人类会带来巨大效益，但对河流健康会产生不利影响，导致以下后果：

（1）河流消失。比如为避免城市周边小型河流的洪涝现象并增加建设用地，或是为修筑公路等，往往一填了之，从此又一条生命的河流在地球上绝迹。这是最悲惨最严重的影响。

（2）河床毁坏。比如将生态河道修筑为坚硬水泥河道，或出于某种目的挖涵洞，迫使河水改道，河流本有的深潭、浅滩、水草、鱼虾蟹等不再有或急剧减少。

（3）水量变化。引水、阻水或蓄水后，河水流量被人类为了利益最大化进行控制，导致流量剧减或剧增，生态流量得不到保障，河流濒临绝境。

（4）流速变化。河流被拦腰截住筑坝、修堤、截弯取直后，往往变成一段段的湖泊和堰塘或全变成激流，原有自然平衡被打破，水生物生长繁殖条件也变化。

（5）水温变化。筑坝后，上游底部水温会大幅下降，下泻的多是底层低温水，部分生物会不适应，影响其存活、生长，甚至停止繁殖。

（6）水生物减少。大坝清水下泻或水泥堤岸隔断河滩与河水的联系，使河流中的浮游生物减少，影响鱼蟹虾的食物供应，从而影响其种群稳定性。城市里，河流被改造成大便器：有着光溜溜硬邦邦的壁与底，弥漫着年久失修腐烂味道……

---

① 《水法》第79条规定："水工程，是指在江河、湖泊和地下水源上开发、利用、控制、调配和保护水资源的各类工程。"

（7）施工、运行期污染。施工期往往会对河流造成水质、噪声、粉尘污染，建成后运行往往也会有一定的水质、噪声、粉尘等污染。

以大坝为例，1950 年世界范围内的大型水坝大约有 5000 座，到了 2000 年，大中型大坝的数量激增到 45000 座。到 2000 年时，国内已建成大坝数量即已位居世界首位。截至 2011 年，中国约有 87000 座大坝，约占世界的一半，其中 200 米以上的超级高坝多在 2000 年后建成。[①]

"在中国水电水利规划设计总院的大幅项目地图上显示，在岷江，建成的和正在建的一共是 6 级梯级开发；在大渡河，整个流域规划 356 座电站；在雅砻江上将要修建 21 座大坝；在澜沧江，规划了 14 级梯级开发；在怒江，原始生态流域相对保存完好，是国内目前西部地区还没有水坝的河流，也已经规划了 2 库 13 级梯级开发；嘉陵江上的大坝是 17 座；乌江 10 座。"[②] 与大坝紧密相连的水电开发，是国内近十几年来能源规划和"西部大开发"中的重头戏。

"在大渡河支流上，设计的有瓦斯沟 1 库 7 级、梭磨河 8 级、小金川 17 级、田湾河 2 库 4 级、南桠河 7 级、官料河 7 级。目前西南河流的支流基本是干涸的，裸露沙石，干流水位降低、河水流速减缓。"[③]

部分河流已变成库库相连，改变了河流的形态和生态。平地多的地方，西南地区往往会叫作坝子，多是人口、土地较多的富饶地方。从水电开发的角度看，有坝子就有库容，是建设高坝大库的首选之地，连环电站建成后，连环电站首尾相接甚至搭接，江河变成湖泊，长藤结瓜，水文情势和河道生态将发生变化，平均水温大大降低，平均流速将大大提高，河流生物生存条件和泥沙运动规律也将失去平衡，河道生态巨变为湖泊生态。

2007 年，新华社报道，广西北部私建、乱建水电站的问题严重，当时广西壮族自治区的水利厅公布的四无水电站就有 493 座。更极端的例子，据国家环保总局的一项调查透露出来的信息，"四川省石棉县小水河，全长 34 千米的河道两岸，已建和在建的水电站达 17 座之多，平均两千米一座，结果河水被大量引走后，地表水基本断流，河床大面积干涸。"华中腹地神农架林区，截至 2010 年底，林区已建、在建、拟建和规划的水电站共有 99 座，其中 70% 以上的没有经过环评。原水利部、国家环保总局局长长江水资源保护局局长翁立达说："在神农架这个具有特殊生态价值的地方，冒出来这么多水电站，不可思议！"[④] 利润被私人老板拿走，干枯的河流则留给村民（表 1.4）。

---

① 王富强．我国水电大坝发展历程［N］．中国能源报，2013-5-6（22）．
② 汪永晨．江河，大地的血脉正面临危机［N］．南方都市报，2007-9-29（7）．
③ 曹海东．西南水电大跃进［N］．南方周末，2008-4-3（6）．
④ 楚天都市报．百座小水电站肢解神农架河流［N］．楚天都市报，2011-8-15（2）．

表 1.4　国内十三个水电基地现况

序号	水电基地	可开发规模			开发现状	
		（万 kW）	（亿 kW·h）	（座）	（万 kW）	（%）
1	黄河上游	2610	883	30	1266	48.7
2	长江上游	3319.7	1413.1	5	2816.7	84.8
3	澜沧江	2172	1098.7	14	855	39.4
4	金沙江中下游	5140	2486	12	1700	33.0
5	雅砻江	2546	1147.4	11	1130	44.4
6	大渡河	2340	1053.1	22	460	19.7
7	乌江	1061.5	418.4	11	631.5	59.5
8	南盘江红水河	1201.2	632.2	11	1132	94.2
9	黄河北干流	863.8	257.4	9	383.8	44.4
10	湘西	773.5	315	56	511.2	66.0
11	闽、浙、赣	1487.1	418	148	770.1	51.8
12	东北	1198.3	321.1	54	562.8	47.0
13	怒江	2132	957.2	13	0	0
	合 计	26835.1	11400.6	374	12219.1	45.5

正是因为人类对对河流缺少了解，滥修筑河流工程，减少了生态河流与湿地，破坏了河流集水区类似于"天然海绵"的对地表径流和雨水的吸收等功能，使得对大坝与调水的质疑之声越来越强烈……

"在本世纪（指 20 世纪的美国），建造水坝因其经济价值而被认为理所当然，这给建造一些耗资巨大的工程打开了方便之门，而试图证明这些超额花费了纳税人钱的工程的合理性的却不过是一些含混的、令人怀疑的成本收益预测。公众现在正在认识到这些工程让他们付出越来越多的代价。我父母那一代经历了大坝建设的辉煌时期，我这一代看到了河流如何被大坝所改变。"①

还有引水工程，一般被视为民生工程、富民工程，实际上，调水超过一定数量，就会较大地影响被调水河流所在流域的生态，用牺牲一个地区生态的方式来讨好另一个经济发达地区，从法理上来说也有不公平对待之嫌；另一方面，调水也刺激调入地区增加耗水量，继续粗放的灌溉方法和掠夺式的农业经营，将造成耕地盐碱化，使土壤生产力下降，并有可能使肥美的沃野重新变成不毛之地。以苏联的"北水南调"工程涅瓦河调水为例，就引起斯维尔河流量减少，使拉多加湖无机盐总量、矿化度、生

---

① 美国内政部长布鲁福·巴比特（Bruve Babbitt）1998 年 8 月针对水坝的兴废问题发表的演讲内容。

物性堆积物增加，水质恶化。

2002 年我国宣布开工建设有史以来投资最大、工期最长水利工程——南水北调，预计总投资将达 4860 亿元，而且之后数额还在不断增加。一期投资就由原来的 1000 亿元调增到现在的近 2000 亿元。全部工程完成后，每年计划从长江向北方地区调水 448 亿立方米，这基本上是整个一条黄河的水量。"仅一个因素，就可能使南水北调工程成为一项耗资巨大却功效甚微的黑洞和笑话，那就是水量。也就是说可能在费尽九牛二虎之力后，才发现捉襟见肘：无水可调。"①

如果不考虑河流规律或忽视工程质量，因河流工程造成的灾难在国际上也不罕见：

1889 年，美国约翰斯敦水库洪水漫顶垮坝，死亡 4000～10000 人；

1959 年，法国玛尔帕塞水库因地质问题发生垮坝，死亡 421 人；

1960 年，巴西奥罗斯水库在施工期被洪水冲垮，死亡 1000 人；

1961 年，苏联巴比亚水库洪水漫顶，死亡 145 人；

1963 年，意大利瓦伊昂拱坝水库失事，死亡 2600 人；

1979 年，印度曼朱二号水库垮坝，死亡 5000～10000 人。②

2008 年，山西襄汾县新塔矿业有限公司一座尾矿库发生溃坝事故，造成 277 人死亡，4 人失踪，33 人受伤，直接经济损失 9619 万元。

……

仅自 1991 年以来，国内共发生 235 座水库垮坝事件。如 1975 年 8 月，河南省淮河流域的特大暴雨酿成了世界上最大的水库垮坝惨案。板桥、石漫滩 2 座大型水库以及 2 座中型水库、60 座小型水库垮坝，驻马店地区的主要河流全部溃堤漫溢，灾害造成驻马店等地区死亡总数超过 20 万人，受灾人口 1200 万，河南省有 30 个县市、1780 万亩农田被淹，倒塌房屋 524 万间，冲走耕畜 30 万头，纵贯中国南北的京广线铁路被冲毁 102 千米，中断行车 16 天，影响运输 46 天，直接经济损失约 100 亿元。③

1.3.5　水电："积极"到"有序"

我国《可再生能源法》第 2 条规定："本法所称可再生能源，是指风能、太阳能、水能、生物质能、地热能、海洋能等非化石能源。水力发电对本法的适用，由国务院能源主管部门规定，报国务院批准。"

---

① 孙大圣.专家预计南水北调功效甚微 [N].南京日报，2004-9-30 (8).

② 汪永晨.江河，大地的血脉正面临危机 [N].南方都市报，2007-9-29 (5).

类似事件还有：荆晶.巴基斯坦暴雨成灾，大坝决堤 20 余人死 [N].北京青年报，2009-2-12 (6)；张地.山西浮山大坝决口，民房被毁 4 人死 5 人失踪 [N].北京青年报，2005-11-9 (1).

③ 范晓.巍巍大坝，安乎危乎 [J].中国国家地理，2004，11：22-27.

可见，在能源分类上，我国将水电划入可再生能源，与风能、太阳能光伏、生物质能并列，是最主要的具有实际开发价值的可再生能源。在国内现阶段电力结构中，火电与水电也是绝对主力。从发电量的份额看，火电占81%，水电占16%，两者总计占97%。从电力装机容量看，火电占76%，水电占22%，两者占98%，处于绝对地位。

水力发电，靠的是水的势能向动能的转化，免不了要筑坝截断河流，大部分水坝会将坝上水位抬高，以获得更大的势能，取得更好的效益。从而对坝上坝下的河段造成一定的负面影响：坝上河段失去流动性，成为高水位湖泊，泥沙沉淀，下泻的也多是不利下游鱼类生长繁殖的底层低温水；坝下河段水量骤减，河床裸露，大坝上下的鱼虾从此永远隔离……但这种改变又无法避免，为了防洪和人民安全，为了避免火力发电产生的大量温室气体，为了能源的永续利用，水电至少是当前近百年阶段的必要和必然选择。

近几年来，国家政府文件中对于水电开发的措辞已有所变化，如国家"十五"规划中提到的是"积极开发水电"，到了2007年，国家出台"十一五"规划，提出的则是"在保护生态基础上有序开发水电"。从"积极"向"有序"转变——从热情洋溢在向理性选择转变。

2007年4月出台的国家《能源发展"十一五"规划》则又提出"积极开发水电基地。按照流域梯级滚动开发方式，建设大型水电基地。重点开发黄河上游、长江中上游及其干支流、澜沧江、红水河和乌江等流域。在水能资源丰富但地处偏远的地区，因地制宜开发中小型水电站。"2012年，国家能源局发布《水电发展"十二五"规划》，规划中明确提出"十二五"时期水电应新增投产7400万千瓦，开工1.2亿千瓦以上……

不难看出水电在国内的地位变化以及在能源战略中的角色变化。

从装机容量和水库数量也能看端倪：2007年底，全国水电装机容量尚为1.45亿千瓦，修建的闸坝和水库总数分别为39834座和85153座，其中大型闸坝和水库分别是416座和453座。到2014年底，全国水电装机容量迅速达到3亿千瓦。水坝数量估计也至少接近翻番——但这带来的也不全是甜蜜，四川省水电装机容量位列全国第一，但并没有让当地水电从业者们欣慰。四川能源局的数据显示，到"十三五"末，四川可能要面临1100亿千瓦时的富余电力和外输问题。这一数据甚至超过一些西部省份全年的用电量。

地震的问题也不容忽视，目前规划的河流水电站不少都在地震活跃地带上，岷江流域有龙门山地震带，大渡河流域与雅砻江流域有炉霍—康定地震带，金沙江流域有东川—嵩明地震带、马边—昭通地震带、中甸—大理地震带等。这些水电站在建设过程之中，极有可能诱发山体滑坡、泥石流等地质灾害。由于水电站往往大量蓄水，使得地表重力变化明显，造成原有的地质结构不平衡，显然增加了地质结构脆弱的山区发生滑坡、地震的可能性。尤其是汶川地震后，这种破坏的可能性与严重性日趋加大。

早在 2000 年，时任水利部副部长张基尧就指出，"我国水库中有 40% 以上存在事故隐患，其中大型病险水库 149 座，中型水库约 1102 座，小型水库 29143 座。这一座座病险水库就像一颗颗'定时炸弹'，严重威胁着下游人民群众生命财产的安全，一旦垮坝失事就是灭顶之灾。"①

2007 年 4 月，而前水利部部长汪恕诚参加首届长江论坛时指出，"国际上公认的水资源开发比例是 40%，超过 40% 就会给江河带来严重的生态灾难。"

近几年，国家陆续出台了一些相关文件来规范河流工程问题，如环保部和国家发改委联合发布了《关于加强水电建设环境保护工作的通知》等，提出了要"重视水电开发规划的环境影响评价工作；加强水电建设项目的环境保护工作；优化水电站的运行管理，减轻对水环境和水生生态的影响"等 3 条意见。

1.3.6 理性看水电

水坝兴利的同时，也会影响到河流生态，弊大于利还是利大于弊，如何平衡取舍，便成了大问题。我国人口雄居世界之首，发展迅速，对资源需求增幅迅猛，导致水污染、空气污染等问题严重。如果不重视可再生能源运用，重污染的化石类能源总有用竭的一天，终不利于民众现代生活幸福指数的提高，即不能因为追求绝对的"原生态"而忽视对发展的渴求，忽视对国际社会节能减排承诺的兑现。

水电能源作为国内现有能源中唯一可以大规模开发的可再生能源，客观而言对其应有理性的认识。虽然核能、风能、太阳能、生物质能都是国家提倡的发展方向，但由于技术、成本、稳定性等原因，它们至少数十年内不可能成为能源供应的主力军。国内水能资源总量世界第一，人均接近世界平均水平（按经济可开发水能资源为 91%），而国内煤炭资源人均约为世界平均水平的 55%，石油资源人均达不到世界平均水平的 10%。据中国 2008 年发布的可再生能源中长期发展规划，明确的水电发展目标为：2020 年，全国水电装机容量达到 300000 兆瓦。

水电对于我国兑现减排承诺、减少当前的雾霾天气更具有重要意义。目前国内温室气体排放仅次于美国，居世界第二位，环境保护压力极大。西方发达国家早已在 20 世纪完成了工业化过程，进入了后工业化时代，其二氧化碳排放量日益减少。国内能源自给率一直保持在 90% 左右。由于能源资源格局所致，国内的一次能源生产和消费一直以煤炭为主，分别占总量 76.7% 和 69.4%，如果不适当调整能源结构，国内所面临的环境压力会越来越大。相比之下，水力发电是利用江河源远流长的流量和落差形

---

① 郑北鹰. 清除水库病险刻不容缓 [N]. 光明日报，2000-7-21（3）.

成水的势能发电，是一次性能源直接转换成电力的物理过程，不消耗水，不污染水，不排放有害气体，也不排放固体废物，是减轻温室气体排放的最有效途径之一。2009年9月，三峡电站作为世界上最大的水电站，被世界著名科普杂志《科学美国人》列入"世界十大可再生能源工程"。[①]

除了绿色特性，水电与火电相比，可调控性更强，具备电网调频、调相、调峰等作用，可保证系统供电的高质量和可靠性，从而帮助电网企业获得更大的综合经济效益。

2010年7月18日，已开工建设7年的金沙江金安桥水电站终获"准生证"。与此同时，西藏藏木水电站等敏感区域也等来了国家发改委批文，这是停顿两年多后，国内又重新放开了常规水电站核准。

两天后，国家能源局对外宣布新兴能源产业发展规划已通过国家发改委的审批，将按照有关程序上报国务院。其中，水电被列为首位，将占到2020年15%非化石能源目标的9%～10%，总装机达到3.8亿千瓦。一系列积极的信号显示，水电受制多年的停批困局正在转向——否则3.8亿千瓦的装机目标和对世界承诺的减排目标根本无法完成。

1.3.7 调水热

调水济水，古已有之。2400年前国内开凿了京杭大运河，公元前2400年前的古埃及就在从尼罗河引水灌溉至埃塞俄比亚高原南部。据不完全统计，全球已建、在建或拟建的大型跨流域调水工程就已有160多项，主要分布在24个国家，地球上的大江大河，如印度恒河、埃及尼罗河、南美亚马孙、北美密西西比……都能找到调水工程的踪影。

新中国成立后，国内跨流域调水工程得到了"长足发展"。除了声名远扬的"红旗渠"以及从长江上、中、下游调水，分东、中、西三条线路调水到北方的"南水北调"工程，各地类似工程此起彼伏：江苏省修建了江都江水北调工程，广东修建了东深引水工程，河北与天津修建了引滦工程，山东修建了引黄济青工程，甘肃修建引大入秦工程，陕西修建了引湑济黑工程，北京修建了引温入潮工程……

由于调水工程会改变原有区域水资源的时空分布特征，必然会对当地的生态环境产生不利影响，其综合负面影响既涉及被调水地区，也涉及调入地区。具体包括：

（1）减少水量输出区的可供水量，降低水位、流速、流量、地下水位等水文要素。

---

① 以防洪为首要目标的三峡工程是我国重要能源基地，三峡水力发电厂总装机容量22500兆瓦（一期工程18200兆瓦已建成投产），多年平均年发电量为900亿千瓦时，这一能量相当于每年5000万吨原煤的燃烧，也相当于2500万吨原油的能量，是国内重要能源电力基地。

（2）水量输出区的水量减少，必将导致区域水环境容量的降低，易造成下游水体污染。

（3）入海水量的减少会对河口生态系统和环境造成不良影响。

（4）输水通过区的渠道渗漏会影响土壤水与地下水的平衡，在北方一些干燥地区有次生盐碱化的威胁。

（5）可能将一些传媒介染病通过调水传播到通过区和调入区。

（6）输水调入区因水量增加，可能造成土壤盐碱化。

（7）调水有可能引起移民、名胜与历史遗迹破坏等问题。

"目前尽管生态、环境等负面影响还不甚明了，但有些异常已初露端倪。从水圈和大气圈、生物圈、岩石圈物质交换和能量传递来看，跨流域调水工程对生态、环境、社会负面影响不可避免，宜慎之又慎。"[1]实际上，由于一些调水工程改变了河流流向，产生"逆向河流"等一系列问题，将导致更加严重的生态环境问题。

如苏联"北水南调"工程由自涅瓦河调水，引起斯维尔河流量减少，使拉多加湖无机盐总量、矿化度、生物性堆积物增加，水质恶化。[2] 至今没有得到好的解决。

对拆东墙补西墙式地大规模的调水应审慎对待，其效益值得置疑。据估计，仅内地城市管网跑冒滴漏的水节省下来，就够南水北调中线工程的水量，而改造城市管网的费用比南水北调中东线工程却小得多。

2009 年南方尤其是四川的严重干旱提醒人们，南方也会缺水。而比如南水北调西线工程调的水也是四川的可用水源。这种形势不能不使人们对南水北调西线工程的必要性重新评估。

过于依赖一种人工的生态系统，使得中国未来的经济社会发展具有一种战略上的脆弱性。试想，靠人工方式把水引导到干旱的西北地区，固然可以支撑起调水沿线一些城市的发展，然而这种人为的自然社会系统却是极其脆弱的。在战时极易受到攻击而崩溃。而在把它对宏观生态系统的影响研究清楚之前就动工，则近于蛮干。

1.3.8 治河热

广义上的治河除了筑坝和调水工程以外，还包括其他人类有意去改选河流的行为，如裁弯取直、整修河道、航道整治、修筑河堤，修建滚水坝与码头等。

由于法规的缺位以及河流健康观念没有得到过提倡或重视，这些治河热潮实际上在规划、建设、运行等不同阶段，由于在引水、蓄水、排水等方面进行刻意安排，违

---

① 陈玉恒. 大规模、长距离、跨流域调水的利弊分析［J］.西北水电，2008，2：44-48.
② 贾克平. 国际上大规模跨流域调水工程实例［J］.半月谈，2005，11：15-18.

反自然规律，并伴随各种污染，对河水的流量、流速、河床、生态系统等要素造成了不小的持续性伤害（表1.5）。

表1.5　河流工程对河流健康的影响

主要河流工程类型	生态影响	流域影响
水坝建设	改变了水流流量、流速、水温，影响了水中营养物质、泥沙输移、河口三角洲补给，阻碍鱼虾蟹等河流生物的洄游	物种栖息、休闲及商业渔业
堤防建设	割断了河流与滩地的联系，改变生态景观	生物栖息地、休闲与商业渔业、河滩地均受破坏，洪水失去泛流区
引水工程	导致河流水量枯竭，严重影响河中与河畔生物	影响到生物栖息地、休闲与商业渔业、污染物稀释、水电效益、水上交通

尤其是在城市及城郊的河流，20世纪60—70年代，工业、生活废水、污水的排放，都向河流直排。到了80年代，城市有了些钱，为了治涝或造地筑路，不断将河道进行水泥的"标准化"处理，或干脆直接填埋后修筑道路。

如今，又有许多城市开始投入巨资对城市河流进行治理，如疏通河道、注入清水，修建整齐的河岸，甚至动用抽水与净化设备，使河流重新成为可供赏玩的对象，远看清水潺流，非常赏心悦目，但近看却在水里找不到任何活物，原本是水生植物、动物、微生物等构成的完整食物链和河流生态，如今不见踪影，这样的"水渠"实际上就是死亡的河流。

比如，北京因为害怕污水下渗和雨水成害，20世纪末城市里的河道基本都被硬化衬砌、拉直截平。河流的底部与两岸都被水泥和石块进行衬砌之后，河流丧失了其生命的尊严，河流成了排水沟，水成了"景观水"。河流的自然生态系统被毁灭殆尽，"河流伦理"被践踏无遗。[①] 这几年来，才开始注意生态的问题，进行了一些修复。

还有东部、南部的许多城市河流，为了防汛不断加高防汛墙，河道土堤都改成"高标准"的钢筋混凝土或浆砌块石护岸，河道断面形式变得十分单一，生物生育条件被破坏，河道丧失了生物多样性的基本特征，民众也失去了休闲娱乐的好场所。

如此治理，虽然比严重污染与被填埋的河流要强，但在实际上仍是对河流健康的摧残。

---

① 冯永锋.治理存在三大误区，城市河流的生与死［J］.半月谈，2008，5：23-26.

针对国内河流健康影响现况尚能采取一些挽救措施，当属根据河流规律和现实需要，适度"校正"国内大力筑坝、调水、固堤、渠化硬化河床的治水与开发模式。要从根本上给予根治，观念与法制的跟进与校正则需要并举。

以上三种主要治河形式对河流健康带来的威胁如图1.3所示：

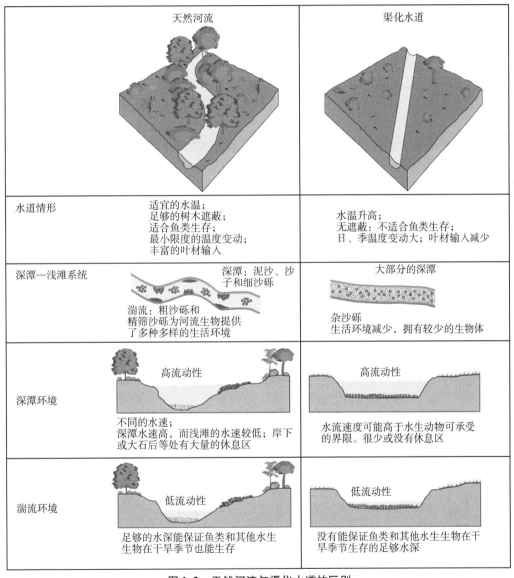

图 1.3 天然河流与渠化水道的区别

1.3.9　湿地之忧

河流与水流的减少，让作为地球之肾的湿地面积也出现陡降。

据水利部宜昌站的监测统计，从 1978—1990 年，长江干流宜昌站的年均径流量是 4510 亿立方米，差不多相当于 9 条黄河。近 30 年的统计则显示，1981—2012 年的年平均流量比 4510 亿立方米减少了 5.8%；尤其自 2003 年开始，上游来水量愈发减少——2003—2013 年，宜昌站的平均径流量只有 3957.5 亿立方米，较 4510 亿立方米减少了 12.25%，下降速度可谓惊人。

再看汉江，规划南水北调中线工程时，丹江口上游的来水量是 380 亿立方米，但是近几年，已经减少到了不到 320 亿立方米，如果再按照规划，每年调走 130 亿立方米，长江中下游的"失水"问题将会更加严重。

2010 年，时任国家林业局副局长的印红在武汉市召开的长江湿地保护网络年会上说，长江流域湿地总面积约为 1616 万公顷。而 2014 年初，第二次全国湿地资源普查之后，这个数字已经萎缩到了 945.68 万公顷，减少了约 42%。

这些数据对国内河流湿地保护敲响了大警钟，"皮之不存，毛将焉附"河流得不到保护，湿地何以为继。法规又政出多门、监管无力，导致江河湿地也日益萎缩、污染日益加剧。"漾漾泛菱荇，澄澄映葭苇。"唐代诗人王维寥寥数语，写出了湿地芦苇飘摇起舞、盈盈水波荡漾之美。如今的长江、珠江等流域，却是"大树已乘刀斧去，此地空留黄沙滩"。

根据《国际湿地公约》采用的广义定义，湿地是指不问其为天然或人工、长久或暂时性的沼泽地、湿原、泥炭地或水域地带，带有或静止或流动或为淡水、半咸水或咸水水体，包括低潮时水深不超过 6 米的水域。其具有涵养水源、消减洪峰、调节气候、净化环境、提供野生动植物生境、提供资源和休闲观光场所等功能。20 世纪 80 年代联合国《世界自然保护大纲》已将湿地与森林、海洋一起并列为全球三大生态系统予以保护，但至今为止，中国的湿地保护仍不能像森林和海洋保护般具有专门法规。

由于国家对湿地保护缺乏详细规划，湿地的保护管理、恢复改造、开发利用和执法监督等存在多头管理、责任不清等问题，不同地区、不同部门因在湿地保护、利用的目标不同、利益不同而各自为政，严重影响湿地的保护。2010 年，黑龙江省挠力河自然保护区长林岛保护站在对湿地的保护过程中，就因对破坏湿地农民的采取扣押车辆等行政行为，被告上法庭，一审判决中，法院认定了他们的具体行政行为缺乏足够的法律依据。国家林业局湿地保护管理中心主任马广仁近年来一直呼吁："现在湿地保护管理工作最重要、最关键、最带有根本性的，就是要出台一部国家层面的湿地保护方面的法律法规"。

2004 年国务院颁布了《全国湿地保护工程实施规划》（简称《规划》），《规划》规定：到 2030 年，国内湿地自然保护区要达到 713 处，国际重要湿地要达到 80 处，90% 以上的天然湿地得到有效保护。但至今为止，对湿地保护主要管理部门如何确定仍存在巨大争议，目前国家对湿地管理行政职能的分工在林业部门，但某省农业厅长对林业厅长说，你应该到山上去，你到我们沙家浜来干什么？《农业法》中虽有规定"禁止围垦国家禁止围垦的湿地"，这是法律中关于湿地的最明确地规定了，但国家禁止围垦的湿地是什么？在哪里？围垦了怎么办？都没有明确。

1991 年，加拿大颁布了《加拿大联邦政府湿地保护政策》，1993 年，美国联邦政府环境政策办公室颁布了《保护美国湿地》的国家湿地保护政策文件，1997 年，澳大利亚政府制定了《澳大利亚联邦政府湿地政策》。由于操作性强，这些保护政策甚至起着比国家法律更为重要的指导作用。

在国内，虽然各级林业部门有权对湿地生态系统进行监管执法，但国土、林业、农业、环保、水利、海洋、建设等多个部门的职能均涉及湿地。关键问题在于：如果河流没了，湿地都会变成无毛之地，河水变小了，湿地也会大幅陡降。

1.3.10 河流三角洲告急

日益增加的河流工程让河水变小变缓的同时，水中沉积物含量也迅速减少，河流的泥沙含量会发生断崖式下降，导致河口三角洲发生生存危机。一百多年前，马克·吐温曾断言，美国密西西比河的航路不可能被工程师和堤坝所征服。然而，时至今日，它那一度浑浊的河水变得更加清亮，水中沉积物与泥沙的含量也日渐稀少，这使得下游的密西西比河三角洲以每年数千公顷的速度在萎缩。富饶的三角洲生态系统及其提供的天然功能——避风港、养分、去除污染以及固碳——随之而逝，而且当地的渔业和文化遗产也受到了严重威胁。

过去的 35 年，黄河三角洲北部地带在以每年 300 公顷的速度消失。长江三角洲地区，经济飞速发展、大量修建河流工程的同时，也使得自然环境发生了重大变化，环境质量急剧下降，咸潮入侵等环境问题更加严峻。在巴基斯坦，自从 1932 年印度河上建起第一座水坝开始，三角洲平原就已开始遭到侵蚀，人们正在从海拔较低的印度河三角洲迁出，原因是这里的盐碱地使得农业耕作变得愈加困难。泰国的湄南河三角洲正在以每年 5～15 厘米的速度沉降。意大利波河三角洲在开采甲烷的影响下，在 20 世纪已经沉降了 3～5 米。沼泽在日益干涸，植物逐渐枯萎死亡，土壤的形成也受到阻碍，这些因素使得三角洲的萎缩速度一日快过一日，亦加剧了咸潮入侵的程度。

重建受损三角洲的代价十分昂贵，按照最乐观的估计，重建密西西比河三角洲需要耗时 50 年，每年花费 5 亿～15 亿美元。即便如此，这也只能避免将来的陆地面积减少，并不能恢复此前已经消失的大量湿地。

1.3.11 气候环境困局

近几年来极端天气的频率出现让人们开始关注河流工程对地球环境的影响。河流工程或许在短期内或局部范围能带来益处，但若从长期或较大的视角来看，则也可能恰好相反。越来越多的河流工程，带来的困局是自然灾害时常不减反增，水资源也越来越贫乏。从国内细分的水利投资趋势来看，水利建设重心正在从传统的投资重头——修建堤坝为主的防洪工程，逐步转向以蓄水灌溉工程、人饮解困等为主的水资源工程上，建设浪潮一直未曾停歇。

2009年初春，50年一遇的特大旱灾持续袭击了中国中部和北部，持续时间之长、受旱范围之广、程度之重为历史罕见。全国受旱耕地直逼3亿亩，442万人、222万头大牲畜发生饮水困难，多省发布红色干旱预警，国家防总也拉响了历史上首次"Ⅰ级抗旱应急响应"。

旱灾期间，《南方日报》记者面中取点，沿着母亲河黄河繁衍的足迹，实地探访中原大地的兰考、民权、睢县三地，揭示了大旱之下，那些令人担忧的现实：

"即使不发生旱灾，水资源枯竭也是一个难逃的宿命。被商丘视为救命稻草的'客水'黄河，现在也是自身难保。全球变暖已经让喜马拉雅山脉冰川以超过了过去300年10倍的速度融化，而且全国还有超过八成的冰川加入到这一行列来。这意味着不仅是黄河，长江、嘉陵江等重要水系都面临着逐渐枯萎的命运。"①

在南方的湖北宜昌，采访水资源的记者欣喜地看到河道里还有一些溪水，然而"的士司机告诉记者，从前这些溪水，都是大河。因为山上开矿严重，河床底层泥土下陷，河床下面空了，河水都落下去了。山上的水，越来越少。现在，因为河砂也可以卖钱，又出现了到处挖沙子的机器，加快了河水的流失。到了凤凰寨工业区的漳村坪镇云霄垭村，从前的山泉、溪水河道，都干枯了。很多旧的水道，因为水沉陷得太久，村民们就是指出来，外人也看不出，那里从前是小河了。"②在强悍的河流破坏面前，让我们欲哭无泪。

2006年3月16日，联合国发布的3年总结一次的《世界水资源发展报告》就已在严重警示世人：

---

① 叶伟民.15省市大旱背后：黄河等重要水系面临逐渐枯萎［N］.南方日报，2009-02-12（6）.
② 郭凯.湖北：农业与工业纵横中的"吃水"［J］.南风窗，2007，12：12-15.

滋养着人类文明的河流在许多地方被掠夺式开发利用，加上工业活动造成的全球暖化，未来的水资源已严重受到威胁——全球 500 条主要河流中至少有一半严重枯竭或被污染。世界各地主要河流正以惊人的速度走向干涸，昔日大河奔流的景象不复存在。

其中，也提到中国的黄河、长江情况危急。

2012 年春，西南地区又见大旱，云南、贵州、广西、重庆、四川 5 省（区、市）耕地受旱面积近亿亩，近 2000 万人饮水困难，大旱很快反逼了新一轮的水利建设。但如果诸多水利设施等河流工程无法长期维护生态所需综合功能，那么，从长期或综合角度来看，河流工程可能意味着对生态更大的破坏，很可能走入另一个极端，就是依赖工程用水、治水。而河流工程建设本身也有无序化倾向，导致了水资源分配不均。如很多地方在支流和上游建了很多水库，但没有有效的调配机制，在枯水季节或极端气候干旱时期，上游水库就会把水蓄起来，近水楼台先得月，反而导致中下游用水困难。

资料：

河流之殇——白鳍豚结构性灭绝

1. 寻找最后的白鳍豚 科考队 26 天未发现其踪

清晨 7 点，上海复兴岛码头，两艘"2006 年长江淡水豚类考察"科考船拔锚起航，驶离这顺流而下的最后一站，回程武汉。

这次中国 10 年来规模最大的长江淡水豚类考察于上月 6 日启动，旨在找寻长江孕育的两种淡水哺乳动物：江豚及最濒危哺乳动物白鳍豚。整整 26 天过去了，从武汉到宜昌，再从宜昌一路向东到上海，携带全球最先进豚类观测设备的六国近 40 名科学家，细细查遍了这千百年来豚类生存的 1700 千米的长江中下游，而白鳍豚观测个数仍然为零。

（《新民晚报》2006 年 12 月 4 日）

2. 野生中华鲟面临灭绝风险

2014 年受农业部长江渔业资源管理委员会办公室委托，中国水产科学研究院长江水产研究所濒危鱼类保护学科组近日开展了长江中下游鱼类资源专项调查。记者 13 日获悉，调查认定：中华鲟在 2013 年没有自然繁殖活动发生，野生中华鲟种群面临灭绝危险。

"这是有记录以来，首次发现中华鲟没有自然繁殖活动现象。"中国水产科学研究院首席科学家、长江水产研究所濒危鱼类保护组组长危起伟介绍，2013年10月31日至12月28日，长江水产研究所等多家研究单位在葛洲坝下中华鲟传统产卵场未发现中华鲟自然产卵迹象，这是葛洲坝截流32年来首次未监测到中华鲟自然产卵。

危起伟指出，近年中，野生中华鲟数量锐减，已从20世纪80年代的几千尾减少到仅存百尾左右。"没有自然产卵，则意味着野生种群的数量无法得到补充，如果不进一步强化保护工作，野生中华鲟将面临灭绝危险。"

（《经济参考报》，2014年9月22日）

3. 链接

中国科学院武汉水生生物研究所白鱀豚研究课题组成立后不久，1980年1月12日湖北省嘉鱼县渔民在长江中捕捉到两头白鱀豚，收网时一头死亡，一头受伤。课题组马上把受伤白鱀豚拉回来，并取名"淇淇"。邓小平亲自为"淇淇"批了10万元的研究经费。

1986年3月23日，十多条船组成的武汉水生生物研究所捕捉船队在湖北省监利江段上，网住了九头白鱀豚，但因为水流太急无法收网而失败。

出资向渔民购买捕捉到的白鱀豚，更引起渔民对白鱀豚的捕杀。1987年，在长江上死亡的一头白鱀豚身上，竟有103处大大小小的伤口。1990年3月，在长江下游靖江段罗家桥发现的一头死亡雌性成年豚，身上缠有36枚滚钩。捕捉白鱀豚的结果，只是为博物馆多增加了几副白鱀豚的标本。

2002年7月14日，在武汉水生生物研究所生活了22年半的"淇淇"也因病去世。留下的只有"淇淇"的冷冻精子和骨骼标本。人工培养白鱀豚的计划以失败告终。

"淇淇"死后，人们再也没有看到过活的白鱀豚。最后一次看到白鱀豚尸体是在2004年7月。

2006年六国科学家组成的长江淡水豚类考察队，使用全球定位系统，装备了能监听到方圆300米以内白鱀豚发出的声音的世界上最先进的声学监测设备，历经25天，从宜昌到上海，在1700千米的长江中下游都没有发现白鱀豚。专家并发现长江里已经没有多少浮游生物了，很可能长江的自然水动力特征与自净能力已经失去，水里已经完全不适合豚类生活了。

2007年由中外科学家发表考察报告，宣布白鱀豚结构性灭绝。按照惯例，在今后20年内看不到白鱀豚，则将正式宣布白鱀豚灭绝。

4. 根据资料，1973—1983 年白鳖豚死亡 33 头

——捕鱼滚钩致死 15 头；

——疏通航道时使用炸药炸死 5 头；

——机动船螺旋桨击毙 2 头；

——搁滩死亡 5 头；

——渔民用叉杀死 1 头；

——死因不明 5 头。

相关链接：

天然河流水环境的变化触目惊心

河流是人类文明的发源地，人类的命运同河流息息相关，河流的没落，意味着人类和文明将面临灾难。让我们来共同寻觅以下几条著名河流的水环境变化情况。

1. 塔里木河

她是中原文明、印度文明、希腊文明的交汇之地，她所形成西域文明特色，既有雄浑强悍的一面，又有秀丽诗意的一面，曾一度在中华文明中占有显赫的地位。但同时，她的忧伤如同她的几次断流一样，她的文化也曾多次"断流"。不同文化的碰撞，为争夺绿洲展开的战争，自然环境的恶化，使很多文化成果淹没在一片废墟之中。尤其是 20 世纪以来，塔里木河流域大规模开发，使塔里木河遭到了毁灭性打击，由于上游地区来水减少，塔里木河两岸胡杨林面积由 50 年代的 45.4 万公顷，减少到目前的 24.73 万公顷；罗布泊湖在 1962 年时水面面积 660 平方千米，已于 1972 年干涸；下游河西绿色走廊濒临毁灭，塔克拉玛干和库姆塔格两大沙漠已呈合拢之势。

2. 淮河

在 20 世纪 90 年代，对淮河水质变化的描写在淮河两岸流传着这样一种说法："50 年代淘米洗菜，60 年洗衣灌溉，70 年代水质变坏，80 年代鱼虾绝代"。一首民谣从一个侧面深刻反映出了淮河水质日益恶化的状况。1994 年淮河流域爆发了四次大的污染事件，使数百千米河道完全丧失了使用功能，下游广大城镇居民没洁净的水可以饮用，大量水生物死亡，人民健康受损，经济损失巨大。90 年代中叶以后，国务院开始了"三河""三湖"绿色工程计划，仅对淮河治理的费用已高达 200 亿元，这个数字甚至超过了 80 年代初期以来沿淮河两岸那些污染严重的乡镇企业所创造的价值的总和。也就是说我们中的一些人创造的"物质文明"成果，还不抵社会和环境为其所付出的代价。但淮河水质状况的改善却还是有限的。

3. 黄河

古老的黄河发源于青藏高原的巴颜喀拉山，从涓涓细流开始，汇纳百川，蜿蜒曲折，劈山越川，东流入海。大约在十几万年以前，上中下游连在了一起，形成了中华母亲河的雏形。由于人类活动的加剧，早在几个世纪以前，黄河中游流径的黄土高原植被遭到了破坏，出现了严重的水土流失。河水一改清澈蔚蓝的面貌，成为浑浊的黄流。另从古书上的记载来看，早期的黄河都被称为"河"或"大河"，说明她原本的河水并不黄。后来，一直发展到成为世界上泥沙含量最多的河流，平均每立方米的河水含沙量超过了33千克，形成了世界上罕见的"地上悬河"，其实这都是人类的"杰作"。黄河历史上多次决口改道，南泛淮阴，北侵天津，吞没了无数人的生命和财产；新中国成立后，50多年来国家不惜财力、物力和人力，治理黄河，虽然没有发生过决口，但黄河河床内增加了100多亿吨泥沙，仍没有摆脱决口的威胁，始终像一把"悬剑"，令人寝不安席、食不甘味。

然而，从20世纪70年代以来，黄河水资源供需矛盾加剧，从1972—1998年有21年黄河下游断流；进入90年代以来，更是年年断流，1999年黄河断流时间长达226天，断流时间越来越早、持续时间越来越长、上延距离越来越远。滔滔黄河几乎变成了一条季节性河流，因黄河断流已造成了严重的社会经济影响和生态失衡。一条奔腾了千万年的大河、一条被中国人视为母亲的大河、一条曾创造了中华古老文明的大河，难道会就这样告别大海走向消亡？

4. 长江

1998年长江流域发生了历史上罕见的大洪水，据分析主要原因是上游乱砍滥伐严重和过度开垦耕地。为了防止长江的"黄河化"，1999年国家启动上游地区退耕还林，还草工程，要求地形坡度在25°以上且沙漠化的耕地退耕还林还草，3年内将使166.67万公顷土地恢复原来面貌；10年内计划以长江上游和黄河中下游为中心，使533.33万公顷耕地恢复原来面貌。长江中下游地区退耕还湖，最大限度地恢复流域土地原状。在湖南，人们把抢占了几十年的土地又还给了洞庭湖；属于人们的土地也得到了进一步的保护。退耕还湖工程，使洞庭湖的面积恢复扩大了1/5。尽管与其原来的面积相比还是不足为道，但是，从明清以来，这已经是出现了重大的转机。

5. 尼罗河

这条伸展在撒哈拉沙漠中的生命动脉，曾经哺育了一个辉煌的古代文明——古埃及文明。那巍峨雄伟的金字塔便是古埃及文明的象征，埃及是尼罗河馈赠的厚礼。历史上每年夏季尼罗河洪水泛滥，把两岸的盆地和三角洲变成水乡泽国。河水携带着上游的腐质淤泥，在两岸沉积一层黑色的沃土，极适于谷物的生长。所以，早在 6000 多年以前，这里就出现了农业，使埃及首先跨入了农业文明的大门，并在这块土地上延绵繁衍了数千年。然而，今天的尼罗河携带的不再是黑色的沃土，而是橙色的泥沙。曾经孕育了人类灿烂文化而如今仍日夜不息，静静流淌的尼罗河，已经失去了往日的生机和活力。

6. 密西西比河

一条曾被人们关注且充满生机的河流，已变成了一条死寂之河。美国西部开发，从 1785 年独立战争结束开始，到 20 世纪 70 年代前后延续了近 200 年，大体经过了农业开发、工业开发和高新技术开发 3 个阶段。其中，在长达 80 年的农业开发过程中，美国利用东部和欧洲的大量移民，先后对密西西比河流域落基山地区及以西的大平原地区进行了大规模的拓荒垦殖，在那里建立了大量的农场、牧场。美国西部初期的开发具有明显的自发性和原始性，因而生态的破坏性极大。到西部去的移民伐木开荒，垦殖耕种，这样的刀耕火种生产方式，使流域内的植被遭到严重破坏，水土流失导致自然灾害频繁发生。1934 年秋季，引发了毁灭性的黑风暴，摧毁了中西部 20 多个州的农田，使全国小麦大幅度减产。20 世纪 30—40 年代的罗斯福新政大搞以水土保持为重点的生态修复，且业绩卓著。据 1934 年当时成立的全国资源委员会调查分析，全美有 3500 万英亩（1 英亩＝0.404686 公顷）。土地遭侵蚀，1.25 万英亩土地近于完全丧失表土，1 亿英亩土地受到损害的威胁。历经数十年的生态修复和治理，全美的生态系统已发生了质的变化，该治理的水土流失地区大都已变成了山清水秀、田园牧歌般的光景。由于土地面积大，人口压力小，密西西比河流域一些地区仍处于沙化、退化的流失状态，顺其自然地进行自我修复，人类多不涉及其间。

1.4 跨国河流开发方兴未艾

1.4.1 我国跨国河流概述

1.4.1.1 概念

跨国河流指的是流经两国或两国以上的河流。有些作为界河的河流即使未从某国版土中流过，但其水域连接了两个国家，实际已跨过了一国的疆土，故也可归入跨国河流范畴。

跨国河流的开发、保护是当今世界水资源领域的重大问题，远不止关系到河流本身，往往还上升到政治高度，严重影响到两国关系，因为河流问题引发的战争也不少见。因为河流关系，国内有 19 个流域关系国，与他们的关系，直接影响到国家周边安全环境的维护与构筑。在环境保护议题中，如何处理"跨境"影响已经成为越来越受关注的问题。大到气候变化，小到两个县城之间的跨县界污染，发生在某个地域之内的行为，其影响往往超出这个地域。跨国界河流的开发亦属此类范畴。

1.4.1.2 分布区域

据不完全统计，我国是世界上跨国河流最多的国家之一，仅次于俄罗斯、阿根廷，与智利并列第三。跨国河流和湖泊有 42 条，其中比较重要的有 15 条（表 1.6）。①

表 1.6 我国主要跨国河流情况

方位	跨界河流名称	跨界河流性质	河流总长（km）	河流总流域（万 km²）	流经国家	河流问题	中国行为
中国东北部	黑龙江	界河	5498	186	中国、俄罗斯、蒙古	水资源污染	生产排污
	鸭绿江	界河	795	6	中国、朝鲜		
	图们江	界河	525	3	中国、朝鲜、俄罗斯		
	乌苏里江	界河	905	19	中国、俄罗斯		
	绥芬河	界河	449	2	中国、俄罗斯		
中国西北部	额尔齐斯河	跨境河	4248	164	中国、哈萨克斯坦、俄罗斯	水资源分配	生产用水和生态保护

① 刘恒. 关于我国跨国河流水资源开发的思考［J］. 人民长江，2007，4：45-50.

续表

方位	跨界河流名称	跨界河流性质	河流总长（km）	河流总流域（万 km²）	流经国家	河流问题	中国行为
	伊犁河	跨境河	1326	1512	中国、哈萨克斯坦	水资源分配	生产用水
	乌伦古河	跨境河	821	4	中国、蒙古		
中国西南部	澜沧江	跨境河	4909	81	中国、缅甸、老挝、泰国、柬埔寨、越南	水资源分配	蓄水发电
	雅鲁藏布江	跨境河	2840	94	中国、印度、孟加拉国	水资源分配、水资源利用	蓄水发电、生产排污
	元江	跨境河	677	8	中国、越南		
	怒江	跨境河	3240	33	中国、缅甸	环境保护	蓄水发电
	伊洛瓦底江	跨境河	2714	43	中国、缅甸		
	印度河	跨境河	2900	117	中国、印度、巴基斯坦		
	北仑河	界河	109	1187	中国、越南		

资料来源：《世界知识地图册》，济南：山东省地图出版社；2009 年 1 月版；《中国知识地图册》，济南：山东地图出版社，2009。

与国内东南部及南部主要水系为内河不同，西南等地区的河流则多为国际性水系，共包括澜沧江、怒江等 40 多条，这些跨国河流几乎与所有陆上邻国相通，其中主要的 15 条年径流量占国内河川年径流量的 40%。

我国跨国河流主要分布的三个区域：

东北地区：以边界河为主要类型；

西北地区：主要在新疆境内，以跨界河流为主，出、入境河流均有；

西南地区：以出境河流为主。

1.4.1.3　我国跨国河流特点

上述跨国河流流向不一，分别注入太平洋、北冰洋和印度洋，总的来看，呈现出以下特点：

首先，总数多，分布地区分散。我国跨国河流多分布在西南、西北、东北等边疆地区，分布地区所占地域面积广，且大多不止流经一个邻国，导致管理、协调困难。

其次，多位于上游高海拔地带，河口和入海处却在境外。因此，我国境内河段具有水流湍急、水能蕴藏丰富的特点。

再次，补给来源多样化。有雨水补给为主的河流，也有高山冰雪融水补给为主的河流，还有以季节性积雪融水补给为主的河流等。

最后，所处流域大多地广人稀，有丰富的水、土、林、矿、能源等资源，生物和文化多样性资源极为突出。

1.4.2 河流开发形式多样

我国跨国河流对于我国和邻国边境地区的经济发展具有重要的战略意义，随着经济的发展和沿河边地区绝大多数都面临被开发或即将被开发的局面，所引起的环境和生态问题日益明显，并逐渐演变为影响国际关系的重要因素。

1.4.2.1 西南地区跨国河流：水电开发蓄势待发

我国西南地区的河流主要有雅鲁藏布江、澜沧江、怒江、红河、伊洛瓦底江，都发源于我国境内，均为跨越多国的河流。①我国目前仅有的两条还能自然流淌的大江——怒江与雅鲁藏布江均在西南地区。以云南为例，省内国境线长 4000 多千米，其中 1000 多千米以河流为界。境内径流面积在 1000 平方千米以上的河流有 101 条，分属长江、珠江、红河、澜沧江、怒江和伊洛瓦底江六大水系。澜沧江水电开发也已经兴起。

美国 2009 年高调提出"重返亚洲"战略，介入湄公河地区事务即为美实现"重返"的重要突破点。当年 7 月美国政府与东盟签署《东南亚友好合作条约》，随后与柬埔寨、泰国、老挝、越南 4 个湄公河下游国家磋商并提出建立"美湄合作"新框架的设想，计划在环境保护、健康保健和教育三个领域展开合作，美国还积极建议湄公河委员会与美国第一大河密西西比河管理部门建立伙伴关系。2010 年 7 月，其再次提出"援助方案"，承诺向"湄公河下游行动计划"提供 1.87 亿美元支持，用于再加强湄公河流域的环境、卫生、教育等领域合作。

1.4.2.2 西北地区跨国河流：调水工程方兴未艾

西北地区河流较少，跨国河流主要是新疆的伊犁河、额尔齐斯河。从 20 世纪 90 年代开始，为了加快新疆地区经济发展，改善地区供水，新疆北部地区正式启动了"635"调水工程建设，工程总投资为 144 亿元。"635"工程共包括 890 千米渠道，5 个水库、3 个电站。据说，因为缺水，更多的调水工程正在规划中。

---

① 雅鲁藏布江发源于中国境内喜马拉雅山中段，长度为 2057 千米，为印度著名的恒河源头之一。雅鲁藏布江年径流量约 1654 亿立方米，水能资源理论蕴藏量为 11348 万千瓦。流入印度后始称布拉马普特拉河，进入孟加拉国改称贾木纳河，最后汇入恒河，经印度入孟加拉湾。

澜沧江发源于青海省，我国境内全长 2161 千米，出境后称湄公河，流经缅甸、老挝、泰国、柬埔寨、越南。

1.4.2.3 东北地区跨国河流：梯级开发基本成型

东北地区跨国河流绝大多数是界河，有大小10条界河，主要有黑龙江、额尔古纳河、乌苏里江、图们江、鸭绿江。以松花江上游为例，早在新中国成立前，吉林省吉林市附近就建有大型水电站——小丰满电站，因此形成了面积达480平方千米的松花湖。

此外，中、朝在界河鸭绿江进行了联合梯级开发，已建成四座水电站，总调节库容101亿立方米，总装机容量168万千瓦，中、俄关于黑龙江联合开发也已达成原则协议。

1.4.3 易导致国际纷争

1.4.3.1 河流问题曾多次引发战争

水是生存之基础，1967年第三次中东战争的导火索就是河流。阿拉伯联盟成员国20世纪60年代初曾计划改变约旦河的流向，使之远离以色列。以色列立马宣称："水的问题关系到以色列的生存，将采取行动，确保绿水长流。"随后的战争中，以色列占领了约旦河的大部分水源，剥夺了约旦大量的淡水供应。如今以色列所需地表水中的40%和年需水总量的33%来自1967年阿以战争中所夺得的领土。中东地区在过去四五十年里，几乎每一场战争中，双方都会将摧毁敌人的供水系统和水源作为首要的战略目标。

埃及对尼罗河上游苏丹、埃塞俄比亚、肯尼亚、布隆迪等国的涉水计划十分敏感、曾多次表明：为了避免其他上游国家减少水量而不惜进行武力干涉。埃及前总统萨达特曾说："唯一能把埃及拖入战火的是水。"

在亚洲，恒河对于印度的近10亿人来说至关重要，而孟加拉国对于恒河的依赖程度一点不亚于印度。印度于1962年开始建法拉卡水坝时，并没有顾及当时其他国家提出反对意见。水坝建成后，流向孟加拉国的水在旱季将缩减为水坝修建前的1/8至1/11。孟加拉国自1971年独立后，一再向国际机构提出这个问题，直到1996年12月，印度和孟加拉国才签订了一个分配恒河水的协定，有效期为30年。

类似案例很多，河水越来越成为一种宝贵的战略资源。

1.4.3.2 我国河流工程已引起邻国不满

跨国河流曾经最重要的作用是航运，但在今天，河流的水资源、水能属性，更受重视，所以早有人强调21世纪的战争将不是石油的战争，而是淡水资源的战争，将不是危言耸听。近年来，随着河流资源的日显珍贵，越来越多的目光聚集到跨国河流上，不少争端已上升到政治、外交层面。

"中国正在用水牵制亚洲地区""中国过度使用跨境河流将给其他国家造成生态灾

难""中国在出口污染""中国利用生态武器制造洪水"等言论则不断出现在周边国家的媒体上。

如针对澜沧江的开发，《曼谷邮报》就严厉指责中国实施在上湄公河（澜沧江）筑坝计划未得到下游各国的协商同意，并担心上游筑坝会使湄公河下游水量减少，影响湄公河三角洲的投资开发。指出修建水坝工程把河里的岩石、暗礁、急流和浅滩通通炸掉破坏了河流生态系，破坏了鱼类赖以生存的水草，包括可能使现在全世界体积最大的淡水鱼——大鲶鱼（最大的长逾3米，重达300千克）绝种。

再如，英国《星期日电讯报》曾报道称，中国将在雅鲁藏布江建造全球规模最大的水力发电厂。有关中国要在雅鲁藏布江建水坝的传闻让印度不安了好几年。"印度担心，此项工程将使印东北部陷入干旱。最近甚至有印度专家撰文称，为阻止这项计划，印度不惜一战。"[①] 2010年11月，中国宣布雅鲁藏布江在11月12日首次被截流，标志着西藏的藏木水电站即将进入主体工程施工阶段。对此，一直非常担忧中国在上游修建水电站的印度再次表示，藏木水电站相当于"悬在印度头上的一颗水炸弹"。印度将其视为生命之河，是印度圣河——恒河的主要支流，如果中国在上游蓄水，印度境内的流水量势必大减，影响工农业用水。印度的工农业产值集中于恒河流域，中国如果掌握恒河的水量分配，相当于牢牢把握住了对印度的经济影响力。另一方面，印度还担忧中国会充分发挥控制西藏水资源的战略优势，在雅鲁藏布江流域上再建5个类似项目，将把在旱季截水、在雨季放水作为向印度施压的潜在手段，一旦跟中国爆发冲突，中国会出于军事目的让雅鲁藏布江涨水，以切断通信线路或水淹敌军。印度认为中国修建水坝会给印度带来安全威胁。

西北地区，随着国内对新疆境内额尔齐斯河和伊犁河的开发启动，在该河下游地区哈萨克斯坦境内引起了诸多担忧和非议。"中国水威胁论"之词愕然跃于邻国的一些媒体之上。比如2006年出版的《哈萨克斯坦–中国》专刊上刊登文章说："这条河（伊犁河）目前所注入的巴尔喀什湖地区水源已经严重缺失，并由于中国方面的过量取水将导致湖泊大面积的干枯，随后给这个地区带来严重的生态灾难。"文章中直接写到，"中国方面扩大对跨界河流的利用极有可能给哈萨克斯坦带来以下负面结果：巴尔喀什湖和扎伊桑湖地区的天然水平衡和自然平衡被打破；气候恶化；渔业损失；农业收成下降；牧场退化；水中有害物质增加，不再符合农业用和日常饮用的标准。"

东北地区，冬季冰封期水缺乏流动性，加剧了河水污染态势。黑龙江、乌苏里江、兴凯湖、鸭绿江、图们江等跨国河流和湖泊的水污染与水土流失等问题频频引发国际

---

① 刘凌. 中国拟在雅鲁藏布江建水坝传闻让印度不安 [N].环球时报，2008–12–1（2）.

纠纷。[①] 2005 年 11 月 13 日，吉林市化工公司二苯厂爆炸造成了松花江水严重污染，对沿岸居民和工农业影响巨大，哈尔滨市因此停止供水 4 天，由于松花江是黑龙江的支流，俄罗斯很是不满与恐慌，至今还在进行关于天价赔偿的谈判。

总之，虽然国内目前对绝大多数跨国河流开发利用程度仍属规划或起步阶段，但随着国民经济发展和边境开放扩大，我国势必逐渐开发利用一些跨国河流。而跨国河流的开发对外关系与邻国的外交关系问题，对内涉及边疆地区的民族发展问题，情况复杂，必须通过科学严谨的河流立法，规范国内的河流开发，保护国内、跨国河流的健康。

相关链接：

中方驳斥中国建水坝致东南亚四国旱情加重说法

2010 年 03 月 26 日　环球时报

据《环球时报》报道，中国西南地区遭受特大旱情之际，泰国、越南等东南亚国家也出现严重旱情。泰国受灾人口达 600 万。越南一些地区出现河流干涸，甚至海水倒灌。面对严重灾情，少数当地媒体认为中国在湄公河（我国境内为澜沧江）上游修建水坝导致旱情加重。这一说法遭到中方的驳斥。中国驻泰国大使馆政务参赞陈德海 23 日接受《环球时报》记者采访时表示，整个湄公河流域普遍遭遇旱情，中国也是受灾国。湄公河流域干旱与中国大坝无关。

据泰国媒体报道，泰国今年的旱情是 5 年来最严重的。全国 76 个府中的 52 个府、近 400 个县面临严重灾情。在情况最为严重的东北部地区，湄公河水位已降至 40 年来最低，比去年同期下降 20%～30%。如果情况继续恶化，5 年以后旱季期间湄公河将不能再有水路运输。泰华农民研究中心估计，灾情将给泰国农业部门造成至少 60 亿泰铢损失。

越南也出现河流干涸、灌溉困难、火灾频发等情况。红河流经河内段多处露出浅滩，位于红河下游的南定省还出现海水倒灌。越南农业与农村发展部通报说，由于持续干旱，截至 3 月上旬全国至少有 19 个省份处于极其危险的火灾风险等级。

面对严重旱情，少数泰国和越南媒体将湄公河下游水位下降归因于中国在上游修水坝。

泰国《经理人报》称，目前中国建成的 4 座水坝已经对下游造成巨大影

---

① 钱易论. 东北地区水污染防治对策研究［N］. 人民日报，2006-3-1（6）.

响，如果中国再建 4 座水坝，加上该流域其他国家将建造的水坝，湄公河流域的水文情况将难以预料。泰国《民意报》称，"在没有降雨的情况下，湄公河水位出现几次增长和下降，这应该是中国水坝截水、放水所造成"。

越南《青年报》网站称，1986 年以来，中国在湄公河上游至少建设了 8 座水电站。水电站在旱季拦截河水，导致河流枯竭，饮水困难。雨季到来后，水坝蓄足水后开始大规模泄洪，导致洪涝灾害。

这些说法遭到中国驻泰国大使馆政务参赞陈德海的驳斥。陈参赞 23 日接受《环球时报》记者采访时表示，湄公河委员会近日发布的新闻公告显示，当前湄公河干流水位下降是泰国北部和老挝干旱所致，与中国大坝无关。

陈德海介绍说，澜沧江出境处年均径流量仅占湄公河出海口年均径流量的 13.5%，湄公河水量主要来自中国境外湄公河流域。中国与中南半岛几个国家都是好邻居、好伙伴，在今年的澜沧江—湄公河流域旱情中同为受害者，只是所处位置不同，受灾程度不同。陈参赞强调，中国在澜沧江水资源开发中一贯高度重视对资源、环境和生态的影响，并与有关国家保持良好沟通。

（孙广勇）

1.5　辩证地看待河流工程

1.5.1　客观上是必需的

人类所修建的河流工程相当部分是形势所需，因为供水、防洪、发电、减排等需要，所以对河流工程应辩证来看，一方面，它们带来了一些问题，另一方面，也是权衡利弊后迫不得已的选择，或者说在特定历史阶段利大于弊。

当前国内淡水供需矛盾越来越尖锐，到 2030 年，中国人口将达 16 亿，人均水资源量将降为 1750 立方米。另一方面，我国是一个洪旱灾害频繁，区域水短缺和生态系统脆弱的国家，许多地方的地面水、地下水水质严重恶化，已对人的生活条件造成危害，水土则流失严重，部分表现为河流干枯、湖泊萎缩、内陆湖消失、土地沙化、天然绿洲减少、沙尘暴增加。

以大坝为例，其在防洪、灌溉、供水和发电方面起重要作用，国内现阶段电源结构中，火电是绝对主力：火电占 81%，水电占 16%，两者总计占 97%。从电力装机容量看，火电占 76%，水电占 22%，两者占 98%，处于绝对地位。如果不靠水电，我国对世界承诺的减排目标将无法实现。

中国水力发电工程学会的报告则显示，世界上有 22 个国家水电占发电量的 80% 以上，有 53 个国家水电占发电量的 50%，美国水电资源已开发约 82%，日本约 84%，德国约 73%，法国、挪威均在 80% 以上，而国内的水电开发度仅为 27%，低于亚洲平均水电占总电量 34% 的水平。

近几年快速增长的风力发电、太阳能光伏发电、生物质能以及发展了 20 多年的核电都难以改变国内的电力结构。依靠新能源的替代作用，实现节约资源，减少排放并不现实。在国家《可再生能源中长期规划》中，到 2020 年，可再生能源的比例要达到 15%，其中水电要从 2008 年的 1.7 亿千瓦增长到 3 亿千瓦，是最大的增量。风力发电、生物质能发电、太阳能光伏发电等新能源只能占到 4% 左右，实际发电量的比例还要更低。

另外，新能源也并不是总和听上去那么光鲜，实质往往是污染前移或后挪，以太阳能发电为例，听上去很清洁，殊不知生产光伏设备却可以产生含氟毒物。我国是光伏产品最大的生产国。然而生产光伏产品得要大量原材料，这时鼎鼎大名的 "多晶硅" 就出场了。前些年关于多晶硅的争议非常大，中国是多晶硅生产、使用大国，可多晶硅的制造和使用过程却不环保。由于没有应用严格的环保处理和监管程序，生产使用过程会产生大量含氟废弃毒物。2011 年浙江海宁曾有一起环保避邻运动，当事企业就是使用多晶硅进行再加工的。根据后来的公报，这家企业没有妥善处理副产物，导致河水严重污染。多晶硅生产只是光伏产品产业链的一个典型例子，整个产品生产链条如果不做好环保措施，都可能造成污染。而在光伏产业上，最讽刺的一句话是，"脏了我一个，幸福千万家"。中国的光伏组件大部分都是出口的。换而言之，在为欧美等发达地区带来清洁能源 "使者" 的时候，我们可能一不小心就把污染留给了自己。

与其他国家不同的是，国内当前电力结构的本质是要保证发展，近几年每年须增长 7% ~ 8% 才能满足 GDP 增长需要。最近几年每年新增装机接近 1 亿千瓦。而整个英国电力系统的容量只有 6000 万千瓦，韩国为 7000 万 ~ 8000 万千瓦，日本为 2 亿多千瓦。换句话说，国内一年增加的电力容量就超过了整个韩国电力总和，两年的增加量接近一个日本的电力总和。

高速发展的前提下，唯有增加传统的火电与水电才能满足需求。在 21 世纪的前 50 年内，新能源都很难取而代之，如此背景下去思考国内的电力结构问题，更有现实意义。

人类世界经历了两次能源大转换：第一次由薪柴向煤炭转换，于 20 世纪初完成；第二次由煤炭向石油、天然气转换，于 20 世纪 60 年代完成。发达国家和经济转型国家大都完成了这两次转换，而包括中国在内的许多发展中国家则没有。目前，正面临第三次能源大转换：即从高污染的化石燃料转向清洁的可再生能源。这将是一次历时百年的能源革命，除了依靠水力，似乎没有更多选择和捷径。

1.5.2 努力去弊兴利

河流工程的规划、设计、施工、运营等，都应尽量在事前、事中、事后来统筹考虑，努力减少工程对环境和河流健康带来不利影响，并在保护生态的基础上尽可能发挥其效益，这也是权益利弊后的现实之举。

仍以水电工程为例，其规划设计阶段，在河流梯级开发方案的选择、坝址的选择对生态环境保护非常重要，如果从河流水能资源的充分利用和综合利用目标来讲，在地形、地质条件许可的条件下，多建高坝大库对效益有利，但会导致移民和淹地，对生态环境的影响也会显著加大。为减少不利影响，少移民少淹地，可在河源淹地、移民少的地方建龙头水库，在河流腹地人口多的地方建低坝水库，少建不建跨流域引水式水电站等，以避免枯河死河的出现，可以做到既开发了水能资源，实现了综合利用，又尽可能减少对生态环境的影响。还要在规划设计中，做好环境影响评价和环境影响设计。

水电工程建设中，必然会带来生态环境影响和损失。其中，有些可以通过生态修复技术予以弥补，如充分运用现代科学技术，努力建设环境友好型工程，尽量减少明挖，减少弃渣、减少施工区内的植被破坏，将渣场、料场和施工道路均作为环保工作的重要部位，进行围坡、护坡、种草、植树、造林美化环境。对某些难以避免的生态环境问题，如鱼类回游、水温改变、泥沙淤积等问题尽量采取用各类生态修复技术，在现有科技水平上予以逐步缓解和长期关注。

后期运行管理则是在生态保护的基础上有序开发水电的重要组成部分。发电需求和水库调度各种综合利用的要求在不断地变化，原来的规划设计不一定能够对今后的变化考虑得十分周到，比如下游生态流量数值的确定等，需要在后期运行管理中不断发现新问题，不断争取新措施，使得工程设施越来越完善，生态环境越来越美好。

我国西南部或跨国界河流流经的边境地区中，相当一部分由于地理位置偏僻、地缘险峻而处于未开发状态，在保留珍贵原始自然风貌同时，也存在着经济不发达、原住居民十分贫困等问题。近些年，边境地区的政府部门和部分群众希望对流经本地区的河流资源进行开发和充分利用，以加快发展，提高收入。但这些设想与规划却引发了国内外对跨国界河流开发和水域周边环境保护的争论，如对怒江等水域是否应该开发的争论非常激烈。

1.5.3 雾霾催速水电

近两三年来国内空气污染问题日益严峻，全国大部分地区频繁出现罕见重雾霾，范围广、强度大、时间长，给公众生产生活、身心健康造成严重危害，呼吸系统疾病发病率居高不下，引起社会乃至世界的高度关注。水电对空气质量的作用被重新重视，按照 2013 年 1 月发布的《能源"十二五"规划》，全国将开工建设水电 1.6 亿千瓦，到 2015 年，全国水电装机容量达到 2.9 亿千瓦。规划中表明，重点开工建设的（包括金沙江、雅砻江、大渡河、澜沧江、黄河上游、雅鲁藏布江等在内）将有超过 50 个大型水电站。

研究显示，不管是全国排放源清单、还是区域性排放源清单，火电行业都是一次 $PM_{2.5}$、二次 $PM_{2.5}$ 的前体污染物 SO_2、NO_x 的主要来源。同时，SO_2、NO_x 的排放增长是 $PM_{2.5}$ 治理的最大威胁。而火电行业、金属加工行业是 $PM_{2.5}$ 一次颗粒物的主要贡献者，两者加和贡献一半以上；形成二次 $PM_{2.5}$ 的主要前体物 SO_2、NO_x，电力行业排放分别占 47%、58%。

2012 年 1 月 1 日实施的《火电厂大气污染物排放标准》，大幅收紧了火电行业污染物排放限制，并明确现有电厂需要在 2014 年 7 月达到排放标准。多位业内专家却表示，受限于成本等原因，火电行业脱硝改造进展甚缓，当前不可能已达标。

与此同时，国内清洁能源资源相对丰富，水能可开发资源 6 亿千瓦左右；风能、太阳能可开发资源分别超过 25 亿千瓦、27 亿千瓦，相当于 18 亿千瓦常规火电。如果全部有效开发这些清洁能源，将显著改善空气质量，审时度势的适量增加水电供给，至少在当前阶段不仅具有客观必要性，而且具有现实可能性。

提高水电在电力消费结构中的比重，就需要下大力压减煤电，如淘汰 20 万千瓦以下的燃煤机组，燃煤机组原则上改为仅在枯水期发电的季节性电源。扩大丰枯和峰谷电力差价，用价格杠杆调节丰枯和削峰填谷，充分发挥市场在优化电力资源配置中的决定性作用。

国内现行的大气污染物排污费大大低于企业治理污染物成本，在很大程度上影响了企业治污的积极主动性，也使得排污合法的边界模糊。应提高现有排污收费标准，并加强监管，大大提高企业违法成本；同时完善环境经济政策，推动污染物总量控制与交易，提高企业减排积极性。

第 2 章　我国河流健康保护的法制现况

2.1　河流保护立法的沿革

2.1.1　新中国成立前的立法

我国古代就有朴素的自然、生态、河流保护思想，虽然不明确、不系统，没有明确的类似于河流健康或河流生态的提法，但部分规定实际上起到了保护河流健康的作用。

如《逸周书·大聚篇》规定："入夏三月川泽不网罟，以成鱼鳖之长。"《秦简》①对农田水利、鱼类保护等都有具体规定。此规定意思是说：不准堵塞水道。不到夏季，不准采集刚发芽的植物，或捉取幼兽、鸟卵和幼鸟，不准捕杀鱼鳖，到七月解除禁令。不滥捕、不堵塞水道，季节性禁渔等，虽然不系统，却都是河流生态保护的零星表现形式。

汉、唐、宋、明、清等朝代颁布的法律中，也有不少保护水、鱼等自然资源的规定。其中唐代《水部式》则是国内现存的最早的一部水法典，内容包括农田水利管理，碾硙的设置及其用水量的规定，航运船闸和桥梁渡口的管理和维修，渔业管理以及城市水道管理等内容。② 如其规定：渠道上设渠长；闸门上设斗门长；渠长和斗门长负责按计划配水。对农业用水、航运、水力碾硙用水之间的调节分配，也作了相应的规定。均是对河流水量的规定。

---

① 1975 年在湖北云梦县出土。

② 现存《水部式》系在敦煌发现的残卷，共 29 自然段，按内容可分为 35 条，约 2600 余字。

民国时期的国民政府以清律为基础，起草了一批水事法律。1929 年的民法典中就对水事做了规定，1930 年颁布了《河川法》，1932 年颁布了《渔业法》，1942 年颁布了《水利法》，基本从形式上建立了近代意义上的水法体系。

2.1.2　新中国成立后的立法

新中国成立后，环境立法的具体成就表现为相互关联的 4 个方面。

首先，确立了保护环境是政府的一项基本职能。其次，通过环境立法构建了遍及全国的环境行政管理机构，既设立了专门的环境保护行政主管部门，同时政府其他部门也增设了与环境保护相关的职能部门。再次，为企业、公民和政府设立了具有法律约束力的行为规则，使得各种法律主体在环境事务中有规可循。最后，环境立法建立了责任追究制度和法律救济手段。

在强调发展经济的前提下，陆续制定了一系列有关合理开发、利用、保护、改善和管理水资源和河流的政策法律文件，如：《水产资源繁殖保护条例（草案）》《关于处理工矿企业排出有毒废水、废气问题的通知》（1957 年）、中共中央批转的《关于工业废水危害情况和加强处理利用的报告》（1960 年）、《水土保持工作条例》（1982 年）、《环境保护法》（1989 年）、《水法》（1988 年 1 月 21 日通过，2002 年 8 月 29 日修订）、《水污染防治法》（1984 年 5 月 11 日通过，2008 年 2 月修订）、《水土保持法》（1991 年 6 月 29 日通过）、《防洪法》（1997 年 8 月 29 日通过）、《防沙治沙法》（2001 年 8 月 31 日议通过）、《渔业法》（1986 年 1 月 20 日通过，2000 年 10 月 31 日修订）、《野生动物保护法》（1988 年 11 月 8 日通过，2004 年 8 月 28 日修订）等。各省、自治区、直辖市还制定了有关地方法规和行政规章。我国逐步形成一个由法律、行政法规、地方性法规、水利部等部门规章、地方政府规章和其他规范性文件组成的与河流相关的法规范体系，这些法律条文对保护河流水质以及河流健康的某些方面，起到了一定作用。

2.2　我国河流健康立法现状

法律不保护权利上的睡眠者。河流健康保护不力却不是因为权利"睡眠"导致，而是因为其还没有受到应有的重视与保护。

国内现行法律体系中，为数不多的与河流相关的保护性条文主要关注河流的污染问题，对河流健康这一更深广、更迫切的领域几乎没有正视，如对河床的生态性、河水的流动性、河流生态流量保护等均没有明确的规定，更没有切实可行的责任追究体系。

目前，国内与河流直接或间接相关的法律法规主要包括：

2.2.1 宪法中与河流健康相关的规定

1954 年《宪法》第 6 条第 2 款中即有与河流相关规定："矿藏、水流，由法律规定为国有的森林、荒地和其他资源，都属于全民所有。"是对河流权属的规定。

2004 年新修订的《宪法》第 9 条规定："矿藏、水流、森林、山岭、草原、荒地、滩涂等自然资源，都属于国家所有，即全民所有；由法律规定属于集体所有的森林和山岭、草原、荒地、滩涂除外。国家保障自然资源的合理利用，保护珍贵的动物和植物。禁止任何组织或者个人用任何手段侵占或者破坏自然资源。"第 26 条第 1 款规定："国家保护、改善生活环境和生态环境，防治污染和其他公害。"则对河流权属、保护河流资源与生态、防治河流污染都有原则性规定，即对通过法律保护河流健康有了原则性、概括性同时也是空泛性的规定。

遗憾的是，国内虽然有《水污染防治法》等一系列法规来保障河流不受污染，却没有实实在在的立法形式或法律条文来保护河流的生态与健康，即《宪法》对保护"生态环境"的规定在河流的保护上并没有得到落实。

2.2.2 法律中关于河流健康保护的规定

2.2.2.1 《中华人民共和国水法》

如第 7 条：国家对水资源依法实行取水许可制度和有偿使用制度。对河流水量的保护起到了一定的作用。

第 9 条：国家保护水资源，采取有效措施，保护植被，植树种草，涵养水源，防治水土流失和水体污染，改善生态环境。从字面上看，对保护河流生态的大环境有倡导作用。

第 28 条：任何单位和个人引水、截（蓄）水、排水，不得损害公共利益和他人的合法权益。

似乎能对河流工程起到一定限制作用，但法条中提及的"公共利益"一点不明晰，实际实施效果令人担忧。比如山区修小水电，把溪水全引走，对下游农民生产、生活造成了很大负面影响，显然属于"损害公共利益和他人的合法权益"，但这类的小水电依然越修越多。

2.2.2.2 《中华人民共和国水土保持法》

如第 18 条：修建铁路、公路和水工程，应当尽量减少破坏植被；废弃的砂、石、土必须运至规定的专门存放地堆放，不得向江河、湖泊、水库和专门存放地以外的沟渠倾倒；在铁路、公路两侧地界以内的山坡地，必须修建护坡或者采取其他土地整治措施；工程竣工后，取土场、开挖面和废弃的砂、石、土存放地的裸露土地，必须植树种草，防止水土流失。

第 27 条：企业事业单位在建设和生产过程中必须采取水土保持措施，对造成的水土流失负责治理。本单位无力治理的，由水行政主管部门治理，治理费用由造成水土流失的企业事业单位负担。

通过对水工程建设期的规范，减少了水工程建设与施工期间对河流生态的损害。

2.2.2.3　《中华人民共和国防洪法》

如第 17 条规定：在江河、湖泊上建设防洪工程和其他水工程、水电站等，应当符合防洪规划的要求；水库应当按照防洪规划的要求留足防洪库容。

前款规定的防洪工程和其他水工程、水电站的可行性研究报告按照国家规定的基本建设程序报请批准时，应当附具有关水行政主管部门签署的符合防洪规划要求的规划同意书。

第 22 条第 2 款：禁止在河道、湖泊管理范围内建设妨碍行洪的建筑物、构筑物，倾倒垃圾、渣土，从事影响河势稳定、危害河岸堤防安全和其他妨碍河道行洪的活动。

对河流工程的兴建起到了客观上的阻碍、隔离作用，对河床与河道的生态保护起到了一定作用。

2.2.2.4　《中华人民共和国渔业法》

如第 23 条：国家对捕捞业实行捕捞许可证制度。

第 30 条：禁止使用炸鱼、毒鱼、电鱼等破坏渔业资源的方法进行捕捞。禁止制造、销售、使用禁用的渔具。禁止在禁渔区、禁渔期进行捕捞。禁止使用小于最小网目尺寸的网具进行捕捞。捕捞的渔获物中幼鱼不得超过规定的比例。在禁渔区或者禁渔期内禁止销售非法捕捞的渔获物。

若严格实施的话，许可证制度加上对捕捞方式、捕捞期间的限制，对保护河流渔业资源、生态资源作用显著。

2.2.2.5　《中华人民共和国环境影响评价法》

如第 25 条：建设项目的环境影响评价文件未经法律规定的审批部门审查或者审查后未予批准的，该项目审批部门不得批准其建设，建设单位不得开工建设。

通过环评的方式，提前对河流工程对环境影响大小进行了评估，从而阻止了一部分对河流健康影响大的工程，并督促建设方提前做好环境保护筹划。

2.2.2.6　《中华人民共和国水污染防治法》

如第 9 条：排放水污染物，不得超过国家或者地方规定的水污染物排放标准和重点水污染物排放总量控制指标。

第 34 条：禁止在江河、湖泊、运河、渠道、水库最高水位线以下的滩地和岸坡堆放、存贮固体废弃物和其他污染物。

对防治河流污染效果明显。可惜目前许多地方执行的并不彻底，或是以罚代管，导致河流污染现象依然严重，比如淮河、海河均花了好几百亿治理却都还是一江浊水，甚至更加浑浊。

2.2.2.7 《中华人民共和国城乡规划法》

如第4条：制定和实施城乡规划，应当遵循城乡统筹、合理布局、节约土地、集约发展和先规划后建设的原则，改善生态环境，促进资源、能源节约和综合利用，保护耕地等自然资源和历史文化遗产，保持地方特色、民族特色和传统风貌，防止污染和其他公害，并符合区域人口发展、国防建设、防灾减灾和公共卫生、公共安全的需要。

在规划区内进行建设活动，应当遵守土地管理、自然资源和环境保护等法律、法规的规定。

城乡的工农业规划中，如果合理布局、注重"改善生态，促进资源，能源节约和综合利用"的话，也直接或间接对河流健康与生态起到了保护与促进作用。

······

2.2.3 行政法规中关于河流健康的规定

2.2.3.1 《建设项目环境保护管理条例》

国务院发布，1998年11月29日起施行。据其第1、第2条规定，制定的主要目的是"防止建设项目产生新的污染、破坏生态环境"；"建设对环境有影响的建设项目，适用本条例"。

什么是"对环境有影响的建设项目"，《条例》中却没有说法——目前的法规中，都普遍认为河流工程有利于防洪和创造发电效益，却不认为河流工程会对造成河流的不健康。

除了第一章"总则"之外，作为《条例》主要内容的第二、第三章分别规定"环境影响评价"与"环境保护设施建设"。由于后来有《环境影响评价法》的出台，第二章的内容基本已流于形式；第三章中，与河流健康保护有关的内容主要有二条，分别是：

第16条：建设项目需要配套建设的环境保护设施，必须与主体工程同时设计、同时施工、同时投产使用。

第20条：建设项目竣工后，建设单位应当向审批该建设项目环境影响报告书、环境影响报告表或者环境影响登记表的环境保护行政主管部门，申请该建设项目需要配套建设的环境保护设施竣工验收。

规定空洞，基本是对《环境保护法》的简单重复，以作为"建设项目"之一的水电站为例，什么是其"需要配套建设的环境保护设施"，又有什么"配套建设的环境保护设施"能够保护河水的按"原生态"的水量和水速来正常流动？来保护河中生物在原有环境下的繁育和生活？竣工后，以"申请该建设项目需要配套建设的环境保护设施竣工验收"为例，环保部门以何标准进行验收，本就是一件需要明细化的事情，如果只以"环境影响报告书、环境影响报告表或者环境影响登记表"的内容进行验收，就更是形式上的工作了。

一般认为，《环境影响评价法》出台以后，鉴于新法优先于旧法，而且《环境影响评价法》的层级更高，此《条例》已逐渐淡出人们的视线。

2.2.3.2　《取水制度许可实施办法》

1993 年 8 月 1 日，国务院令第 119 号发布，目标是加强水资源管理，节约用水，主要来规范"利用水工程或者机械提水设施直接从江河、湖泊或者地下取水"，根据其第 4 条，水工程包括"闸（不含船闸）、坝、跨河流的引水式水电站、渠道、人工河道、虹吸管等取水、引水工程"，基本能够囊括常见的河流工程项目。

第 5 条：取水许可应当首先保证城乡居民生活用水，统筹兼顾农业、工业用水和航运、环境保护需要。省级人民政府在指定的水域或者区域可以根据实际情况规定具体的取水顺序。

第 6 条：取水许可必须符合江河流域的综合规划、全国和地方的水长期供求计划，遵守经批准的水量分配方案或者协议。

对保护河流水量起了一定作用。但对取水量的多少实际无法监督、监管。

2.2.3.3　《河道管理条例》

如第 16 条：城镇建设和发展不得占用河道滩地。城镇规划的临河界限，由河道主管机关会同城镇规划等有关部门确定。沿河城镇在编制和审查城镇规划时，应当事先征求河道主管机关的意见。

第 24 条：在河道管理范围内，禁止修建围堤、阻水渠道、阻水道路；种植高秆农作物、芦苇、杞柳、荻柴和树木（堤防防护林除外）；设置拦河渔具；弃置矿渣、石渣、煤灰、泥土、垃圾等。

对河流的河滩、河道起到了一定的保护作用。实践中的问题是落实不到位。

2.2.3.4　《风景名胜区管理条例》

如第 8 条规定：风景名胜区内的一切景物和自然环境，必须严格保护，不得破坏或随意改变。

对风景名胜区内的河流或河段起到了较好的保护作用。

2.2.3.5　《自然保护区条例》

如第 26 条：禁止在自然保护区内进行砍伐、放牧、狩猎、捕捞、采药、开垦、烧荒、开矿、采石、挖沙等活动；但是，法律、行政法规另有规定的除外。

对自然保护区内的河流或河段起到了较好的保护作用。

……

2.2.4 行政规章中关于河流健康的规定

行政规章主要由各部委制定，立法层次相对较低，对河流健康问题，虽然有零星规定，但受限于上位法缺位等问题，加上受制于行业、区域的条块管理模式，目前没有强有力的保护规定或举措，对河流健康保护起到的作用有限。

（1）《森林公园管理办法》。对森林公园内的河流或河段起到了一定的保护作用。

（2）《水利风景区管理办法》。对保护水利风景区的水质起到了一定的保护作用。

（3）《国家级自然保护区监督检查办法》。对更好的保护国家级自然区的河流起到了促进作用。

此外，还有大量的国家部委临时性的通知，如针对近些年来河流工程密集上马造成河流生态遭到严重破坏的现实，环保部近几年先后出台了《关于加强水电建设环境保护工作的通知》《关于有序开发小水电加强生态保护的通知》《关于加强资源开发生态环境保护监管工作的意见》《关于深化落实水电开发生态环境保护措施的通知》等一系列规范文件和导则规范，无奈其影响范围、时间、强制执行力等均有限。

……

2.2.5 地方法规规章中的河流健康保护

由于各省及部分大城市拥有立法权，各地纷纷制定了一些相关法规和规章，这些规定的内容和数量在各地不尽一致，主要内容是对上一级法律法规的阐释或细化，以山西省为例，制定的有：

《山西省水资源管理条例》；

《山西省水工程管理条例》；

《山西省河道管理条例》；

《山西省实施中华人民共和国水土保持法办法》；

《山西省实施中华人民共和国渔业法办法》；

《山西省泉域水资源保护条例》；

《山西省水利工程水费核定、计收和管理办法》；

《山西省地下水资源管理暂行办法》；

……

以其中的《山西省河道管理条例》为例，基本是国务院《河道管理条例》的重复，

《山西省实施中华人民共和国水土保持法办法》则是《水土保持法》的细化，并不具有特别意义和作用。

最近两年，浙江、广东、陕西、甘肃等省出台了河流生态流量管理意见，规定了小水电站最小下泄生态流量，如福建在重点流域安装生态流量监控装置，并将此项工作纳入地方政府绩效考核。四川省一方面严格水电规划和项目审批，严格控制生态敏感区域的水电开发，另一方面改进监管方式，加快推行下泄生态流量远程联网监控，组织联合执法组在每年枯水季节期间开展水电站生态流量及环境保护检查，起到了一定效果。

此外，还有一些行业标准对河流健康起到了保护作用。如《江河流域规划环境影响评价规范》《环境影响评价技术导则（水利水电工程）》，水利部这两年也在加紧制订《绿色小水电评价管理办法》和《绿色小水电评价标准》，但它们均不属于法律范畴，不具有强制力。

2.3　河流健康立法缺陷分析

2.3.1　立法体系不健全

通过上一节的分析，不难看出我国河流立法存在的主要问题包括：

（1）缺少针对性立法，没有一部针对河流健康或生态的立法。虽然我国《宪法》对河流权属、保护河流资源与生态、防治河流污染都有了原则性规定，即对通过法律保护河流健康有了原则性的规定。遗憾的是，虽然有《水污染防治法》等一系列法规来保障河流不受污染，却没有实在的法律规定来保护河流的生态与健康。

比如，目前与河流健康最为密切的是《水法》与《水污染防治法》，《水法》第26条中还在强调"在水能丰富的河流，应当有计划地进行多目标梯级开发"，明显与现代河流管理理念南辕北辙。《水污染防治法》则只在重视河流污染这一个方面，没有全面考虑河流生态与健康。

（2）现有规定过于零散。分散在法律、行政法规、规章等不同层次的法律法规中，相当部分已相当过时。并且没有一个条文明确提出了要加强河流健康与生态保护，或是专门针对河流健康与生态。不能不说是国内环境立法的一大败笔，将直接影响到接下来的执法、司法，从而在实践中影响河流的生存与健康问题。

总之，我国目前法律体系中，与河流健康保护最密切的环境法规包括水污染防治与自然资源保护二类，但从相关法规数量来说，防治河水污染方面的法规相对全面详细，但关注河流自然资源属性的法规则寥若晨星基本虚无，这也是导致我国河流健康与生态出现大面积危机的主要原因，若不及早引起重视并加以修复，那些美丽的河流，将与我们渐行渐远。

2.3.2 缺乏河流健康立法理念

2.3.2.1 立法对河流健康关注度极低

国内现有法律体系中为保护或促进河流健康制定的法规仍是空白，相关概念也未在法条中出现。虽然从 20 世纪 70 年代末起，比如 1986 年、1998 年我国先后发布了《建设项目环境保护管理办法》和《建设项目环境保护管理条例》等，使得国内建设项目的环保法律体系在形式上已基本建立起来，逐渐确立了以环境影响评价"三同时"制度、水污染防治为核心的建设项目环境管理体系，对河流工程有了一些制约，在河流健康、尤其水质保护上客观上起到了一定的作用。

但为数不多的促进河流健康目的的条文主要是在强调水污染的防治——实际上，河水受到较严重污染虽然是国内河流面临的普遍问题，却不是河流目前最严峻的危机，只属河流不健康的一个较浅层次的展现。

2.3.2.2 立法对河流工程规范性规定极少

河流工程在满足人类利益的同时，也直接对河流产生负面影响。在满足人类的当前利益的情况下，如何让河流的生态价值与经济、社会价值得到尽可能的保护，对开发后的河流的得与失如何进行标准化衡量，在逐步弄清河流健康所需要的起码条件，如何在开发中保护，在运行中维护，尊重河流的规律和健康，都需要相关法律的完备与健全。在世界各国都在重视认识和评价河流，在强烈关注河流健康的背景下，我们理应认识到现有差距，并付诸实际行动。

除了现有法规，在全国人大公布近几年立法规划中，也未看到有任何针对流域或河流健康的立法计划，看不出未来将在法律上如何来应对大坝、调水、水泥堤岸对河流健康的巨大影响以及为了减少这种影响应采取哪些举措。只能说，国内在河流健康的环保理念、河流健康评价的理论、方法方面还有很大的差距，花哨的文字多，空洞的文章多，堂皇的口号多，实实在在的立法少。

2.3.3 缺乏针对性的河流健康保护法规和措施

河流健康与河流生态的保护不能是一句空话，必须落实到具体的保护法规与措施上来，遗憾的是，就国内目前的法律体系来看，这方面的规定显得过于苍白。

虽然《宪法》第 9 条第 2 款做出"国家保障自然资源的合理利用，保护珍贵的动物和植物。禁止任何组织或者个人用任何手段侵占或者破坏自然资源"的规定，但此规定过于抽象，禁止"用任何手段侵占或者破坏自然资源"，那么，至少部分河流工程一定程度上显然是"侵占或破坏"了"自然资源"的。是否这些河流工程应该依据

《宪法》来被"禁止"？答案显然是否定的。

在法律层面，目前我国除了《环境影响评价法》确立的环评制度以外①，仅《渔业法》第 32 条规定，"在鱼、虾、蟹洄游通道建闸、筑坝，对渔业资源有严重影响的，建设单位应当建造过鱼设施或者采取其他补救措施。"此条算作是对河流渔业资源进行保护规定的措施，可惜的是，前面已做分析，作为"过鱼设施"的鱼道在国内河流上的实践被证明是不成功的。

而《水法》第 26 条还在做出鼓励开发的规定——"国家鼓励开发、利用水能资源。在水能丰富的河流，应当有计划地进行多目标梯级开发。"

河流要想被保护，无非要在河流工程建不建、如何建、如何运营、如何管等环节上设立一系列的保护制度和措施，比如公众参与、生态调度与营运等，它们都需要法律来落实和规范，从而促进河流工程的开发标准由"工程建设标准"向"绿色工程标准"的实质性转变。

再看位阶较低的法规或规章，最新应该是 2011 年年底，国家发改委与环保部共同制定了《河流水电规划报告及规划环境影响报告书审查暂行办法》，该《办法》中明确了规划及规划环评应该是水电开发的最基本部分，规定跨国境河流和主要跨省界（含边界）河流为主要河流，应在开发前接受流域水电规划与规划环评，环境影响评估应该综合审阅该规划对相关区域、流域生态系统产生的整体影响。可是，这些要求本就是修改后的《环境影响评价法》包括的。

2.3.4　缺乏对危害河流健康行为法律责任追究

和国内现有法规的总体特点一样，我国对危害河流健康的法律责任的追究也主要体现在对河流污染者的追究上，对填河、渠化河流等危害河流生态、伤及河流流量的行为没有惩处规定。也就是说，本来现有条文中关于河流健康与生态的条文就少，强调法律责任的规定就更少了。

先看最根本的《宪法》，虽然规定"国家保障自然资源的合理利用，保护珍贵的动物和植物。禁止任何组织或者个人用任何手段侵占或者破坏自然资源"，但《宪法》对如何追究违法者的法律责任通篇没有规定，建立专门的《宪法》法院在国内已呼吁多年，目的之一就是解决惩处与救济的难题，却似无结果。

再看《水污染防治法》第 16 条，"国务院有关部门和县级以上地方人民政府开发、利用和调节、调度水资源时，应当统筹兼顾，维持江河的合理流量和湖泊、水库以及地下水体的合理水位，维护水体的生态功能。"在国内现有法律中，这是仅有的对江河

---

① 另有一些法律条文中提到了公众参与制度，但普遍对如何落实公众参与制度未作细化规定。

的"合理流量"有规定的条文，但在此法第七章关于"法律责任"的 31 条规定中，对违反者的法律责任没有规定。

再如《环境影响评价法》第 5 条，"国家鼓励有关单位、专家和公众以适当方式参与环境影响评价"。规定了鼓励公众参与环境影响评价的原则，应该说在环评阶段引入公众参与，对抑制河流工程数量具有极重要的意义，但是哪些原则性的规定缺乏具体实施性条文的支撑，在法律责任的章节中对违反者也没相应规定，纯粹属"宣言式规定"。

具体以河道采砂为例，《水法》对河道采砂的许可制度、禁采区和禁采期均做了明确规定，但对违法行为的法律责任没有明确。《河道管理条例》由于出台较早，处罚规定相对较弱，主要是"警告""责令停止""责令改正""赔偿损失""采取补救措施"等，可操作性较差，对于一些违法采砂企业和个人，难以采取强制措施，缺乏威慑。

2.3.5 缺乏河流健康管理体制规定

管理体制直接决定了管理目标能否实现，由于国内现有法律条文对河流健康没有基本关注，对河流健康由哪个部门负责管理没有规定，直接导致了健康河流在国内越来越少，甚至逐渐"绝迹"。

目前河流的管理体制，大致是根据《水法》确定的水量分配由水利部门负责、《水污染防治法》确定的河水污染防治由环保部门负责、《渔业法》确定的河流渔业资源由渔政部门负责。此外，河流生态的其他重要方面，比如河流被填、生态流量确定、生态调度的监督与惩处等都没有法定主管部门，一条小河被填掉修了公路，不再涉及防洪，水利部门没法管，公安部门管不了，城管部门无力管，往往还会认为交通部门做了大好事，有利于防止交通堵塞，有利于减轻防洪压力，没有人会痛惜又一条生命之河永久地消失了，又有数百万上千万的鱼虾蟹死亡了。

"目前的水环境管理体制，主要分为两大部门，水利行政主管部门负责管理水量，环境保护行政主管部门负责管理水质……另外更易引起纠纷的，是各相关机构职责不清的问题。也就是水利行政主管部门、环境保护行政主管部门、流域水环境管理机构、交通行政主管部门、卫生行政主管部门、地质矿产部门、市政管理部门、计划主管部门、国家与地方水环境管理部门各自应具有什么职责，彼此间如何协调与配合，都没有明确而清晰的界定。"[①]——主管机构不明，机构职责不清，更导致了管理体制上的混乱。

---

① 王灿发. 我国跨行政区水环境管理的政策和立法分析 [J]. 政法论坛，2009，12：34-38.

2.3.6　主要法律法规存在问题分析

从《水法》《环境影响评价法》《渔业法》《水污染防治法》《河道管理条例》等与河流健康关系最密切的几部法规进行分析，即可找出该领域存在的主要问题。

2.3.6.1　《水法》

《水法》是目前与河流健康联系最密切的基础性法律，遗憾的是，条文中涉及更多的只是水污染问题，对河流健康与生态的关注较少。

早在 1988 年 1 月，《水法》颁布，作为管理水事活动的基本法，形式上标志着国内水利建设、管理步入了法制轨道。但受限于当时的环保理念和水平，加上强调发展为先，其局限性很快就显现出来，比如在水资源开发利用中重开源、轻节流和保护，重经济效益、轻生态与环境保护，体现了明显的效益导向。

2002 年 8 月，《水法》得到修订。主要在水资源宏观管理和配置、优化水资源管理体制、节约用水和水资源保护、加强执法监督等方面进行了强化。在一定程度上改变了过去只注重水量调节和水工程保护与防洪的模式，转而对水生态保护和水污染防治给予了一定的关注：比如在"水资源开发利用"一章中则要求，开发利用水资源应当兼顾生态环境用水，在干旱和半干旱地区开发、利用水资源应当充分考虑生态环境用水需要；在加强水资源宏观管理和配置方面，增加了全国水资源战略规划的规定，并把水资源规划分为流域规划和区域规划，流域规划和区域规划又分别有综合规划和专业规划等；在优化水资源管理体制方面，新《水法》确立了国家对水资源实行流域管理与行政区域管理相结合的管理体制，国务院水行政主管部门在国家确定的重要江河、湖泊设立的流域管理机构，在所管辖的范围内行使法律、行政法规规定的和国务院水行政主管部门授予的水资源管理和监督职责；在水资源保护方面，除保留并强化了原《水法》有关水量保护的有关规定外，新《水法》特别强调了水质管理，确立了相应的法律制度。

但在河流的生态保护方面，仍然条文很少，对修建河流工程，对从河流引水等，仅有一些原则性的规范性规定，如：

第 22 条　跨流域调水，应当进行全面规划和科学论证，统筹兼顾调出和调入流域的用水需要，防止对生态环境造成破坏。

第 26 条　国家鼓励开发、利用水能资源。在水能丰富的河流，应当有计划地进行多目标梯级开发。建设水力发电站，应当保护生态环境，兼顾防洪、供水、灌溉、航运、竹木流放和渔业等方面的需要。

第 28 条　任何单位和个人引水、截（蓄）水、排水，不得损害公共利益和他人的合法权益。

第30条　县级以上人民政府水行政主管部门、流域管理机构以及其他有关部门在制定水资源开发、利用规划和调度水资源时，应当注意维持江河的合理流量和湖泊、水库以及地下水的合理水位，维护水体的自然净化能力。

第48条　直接从江河、湖泊或者地下取用水资源的单位和个人，应当按照国家取水许可制度和水资源有偿使用制度的规定，向水行政主管部门或者流域管理机构申请领取取水许可证，并缴纳水资源费，取得取水权。

另外，确立了水资源保护的一些管理制度，如水功能区管理、取水许可水质管理等，对河流水质、水量等方面的保护起到了一些促进作用。

《水法》第三章是规定"水资源开发利用"的章节，与河流生态与健康有直接关系，有关河流工程的限制与规范性规定应有较多体现才对，但该章第1条即规定"为了合理开发、利用、节约和保护水资源"——不难看出，《水法》的立法者们认为"开发、利用"对水、对河流而言才是第一位的，基本忽视了河流健康问题，此观念显然已过时，且在基本法的层面左右了民众对河流的态度——不难看出国内立法对河流的基本认识。

此外，第26条第1款反而做出了鼓励河流大开发的规定——"国家鼓励开发、利用水能资源。在水能丰富的河流，应当有计划地进行多目标梯级开发。"此规定可解读到两层意思：

（1）水能资源的开发、利用，尤其是水电资源，国家向来"鼓励开发、利用"，写进了国家水法，短期内这一导向不会改变，并有一系列的配套下层法规和政策来体现"鼓励"，地方政府出于发展和税收的考虑，更是会积极支持和鼓励。

（2）梯级开发本义是指根据河流落差，逐级修建水坝，以集中落差，调节流量，达到水力资源的开发和利用目的。已在《水法》中被强调和列举为河流水力资源开发的主体形式。那么言下之意，只要水能丰富，经适度考虑当地生态、或河流的具体情况，都"应当有计划地进行多目标梯级开发"，好让水能达到"开发、利用"的效果。①

由此可见，即使修订过的《水法》，仍和其他环境法规一样，深受发展至上，私权弱化思想的影响，另一方面，条文中对河流健康与生态落笔过少，虽然提到了保障"合理流量"，什么是合理流量，如何确定，违反了怎么处罚，都没有可操作性的条文或规则来明确，这都将更加直接的危害到国内诸多河流的健康与生态。如不及时矫正，我国河流的健康将岌岌可危，滚滚奔腾的河流或许真会变成一种回忆，惊涛骇浪、大

---

① 2006年出台的《大中型水利水电工程建设征地补偿和移民安置条例》第4条关于大中型水利水电工程建设征地补偿和移民安置原则为"顾全大局，服从国家整体安排，兼顾国家、集体、个人利益"，亦不难看出立法对个人权利的忽视。

江东去也会成为远古时的影像。

2.3.6.2　《环境影响评价法》

我国环境影响评价法律制度是在建设项目环境管理实践中不断发展起来的，但建立之路并不平坦，从《环境保护法（试行）》（1979 年 9 月）到《建设项目环境保护管理办法》（1986 年 3 月），再到《建设项目环境保护管理条例》（1998 年 11 月），才有了 2003 年 9 月 1 日《环境影响评价法》的出台。

该法第一次将环境影响评价从单纯的建设项目扩展到各类发展规划，对从决策源头防止环境污染和生态破坏提供了法律保障。同时，该法突出公众在环境保护中的作用，并通过环境影响跟踪评价和后评价制度，将环境影响评价落实到规划执行和建设项目运行的整个过程中。《人民日报》曾以《环境影响评价法：避免"先污染后治理"的有效武器》为题，评价该法"是我国环保事业的历史性突破，对于落实环境保护基本国策和实施可持续发展战略，实在是太重要了！"[1]

就与河流健康的关系而言，该法明确规定，国务院有关部门、设区的市级以上的人民政府及其有关部门组织编制的规划必须进行环境影响评价。其中，宏观的、预测性的、指导性的规划，包括土地利用、区域、流域、海域的建设开发利用规划及专项规划的指导性规划以及"能源、水利、交通、城市建设、旅游、自然资源"在内的有关专项规划，应在上报审批前进行环境影响评价，并向审批机关提出环境影响报告书。

该法规定，对可能造成不良影响的规划或建设项目，必须举行论证会、听证会或采取其他形式，征求有关单位、专家和公众对环境影响评价报告书的意见，这有利于保证公民的环境知情权。同时确立了环境影响跟踪评价和后评价制度，有助于及时发现规划执行中和建设项目运行中出现的问题，促使有关部门和单位采取有效措施予以解决，使环境影响评价制度更加完善。

这些规定都能对河流健康产生一定利好，尤其在规划设计环节从环保的角度来考虑建设项目的可行性，并在一定程度上可行使否决权，对河流工程是实质性重大利好。

经过十来年的实践，其中的缺陷也是逐渐显现，比如评价对象过窄，政策、法规等具有宏观性、战略性行为没有被列入环境影响评价范围。[2] 另外，未将"国家规划""能源政策""水利规划"以及水利法规等与河流工程直接相关的宏观性政策列入"环评对象"，导致环评只在着眼于细节，未侧重于整体。如我国"十五"规划中明确提出"积极发展水电；应加大开发力度。重点开发黄河上游、长江中上游及其干支流、红水

---

① 赵永新. 环境影响评价法对政府、公民意味着什么［N］. 人民日报，2003-11-10（10）.
② 美国早在 1969 年已通过《国家环境政策法》将对环境有重大影响的立法建议或立法议案和其他重大联邦行为等宏观活动列入环境影响评价的对象，近年来不少国家如俄罗斯、乌克兰等纷纷通过立法将宏观活动列为环境影响评价对象。

河、澜沧江中下游和乌江等流域，实行流域梯级滚动开发。争取'十五'末使中国电源结构中水电比重达到25%，2015年左右力争提高到30%；2015年后，争取继续加快水电开发过程进一步提高水电开发程度……"这些国家级规划大多未经过环评，就直接在全国范围贯彻落实，导致那一时期"跑马圈河"现象泛滥，由于项目实施有滞后性，其巨大惯性仍在严重影响河流健康。

环境影响评价曾被认为是保护国内环境生态的最重要的法律措施，遗憾的是，由于上述种种原因，包括后来司法解释与政策的不当出台以及国内环评机构客观性、中立性的缺乏缺位，直接影响了该措施和该法的施行。这些问题与原因在后面的章节中将有详细的论述。

2.3.6.3 《渔业法》

《渔业法》1986年颁布，后来经过两次修订，内容相对简单，仅有6章35条，适用于国内海洋、淡水以及河流渔业的保护，在保护河流水生物，尤其是保护鱼类资源方面会起到一些作用。[①]

其中涉及河流健康保护的内容主要是第3章中的"捕捞业"、第4章中的"渔业资源增殖和保护"两部分。如第25条规定，"从事捕捞作业的单位和个人，必须按照捕捞许可证关于作业类型、场所、时限、渔具数量和捕捞限额的规定进行作业，并遵守国家有关保护渔业资源的规定，大中型渔船应当填写渔捞日志。"

第30条规定："禁止使用炸鱼、毒鱼、电鱼等破坏渔业资源的方法进行捕捞。禁止制造、销售、使用禁用的渔具。禁止在禁渔区、禁渔期进行捕捞。禁止使用小于最小网目尺寸的网具进行捕捞。捕捞的渔获物中幼鱼不得超过规定的比例。在禁渔区或者禁渔期内禁止销售非法捕捞的渔获物。"

这些限制性捕捞规定，客观上都对河流渔业资源起到了保护作用。

《渔业法》中与河流工程联系紧密的，仅有第32条规定，即"在鱼、虾、蟹洄游通道建闸、筑坝，对渔业资源有严重影响的，建设单位应当建造过鱼设施或者采取其他补救措施。"

从此条规定来看，只是在"有严重影响"时才"建造过鱼设施或者采取其他补救措施"，对什么是"严重影响"却没有确定衡量标准。在此法的法律责任部分，对"建闸、筑坝"时不依法"建造过鱼设施或者采取其他补救措施"的，也没有任何惩罚性规定，使第32条规定成为一纸空文。

---

① 《野生动物保护法》第2条："野生动物，是指珍贵、濒危的陆生、水生野生动物和有益的或者有重要经济、科学研究价值的陆生野生动物。珍贵、濒危的水生野生动物以外的其他水生野生动物的保护，适用渔业法的规定。"可见，只有"珍贵、濒危"的珍稀鱼类才适用《野生动物保护法》规定。

另外，修建鱼道的方式，通过在一些河流的鱼道实践，已被证明为花费大效果却差强人意，不得不让我们警惕。国内 20 世纪 60—70 年代曾经在沿海的防潮闸旁和江、湖间的闸、坝上修过鱼道，大约有 40 座，如斗龙港闸鱼道等。在较大江河的水电工程中修建的鱼道有 2 座，一座建在浙江省富春江七里垄电站，另一座建在湖南衡东县洣水（湘江支流）洋塘水轮泵水电站。在 60 年代末期修建的七里垄鱼道，建成后就从未有鱼、虾、蟹通过，完全成了废物，后来被"绿化隐蔽"。1979 年建成的洋塘鱼道，在当时被评价为最成功的鱼道，名噪一时。但是，在技术人员取得了数据、发表了文章以后，从 1984 年起，这个鱼道便废弃不用了。

国内重要的经济鱼类，如草、青、鲢、鳙、鳡、鳊、赤眼鳟等，会在春末夏初江河发生洪水时，在上涨的水流中产漂流性卵，鱼卵和初孵仔鱼在漂流过程中发育，通常要漂流数百千米才能主动游泳。这些鱼在水库中不能进行繁殖。可能有的成熟亲鱼游到水库尾水以上的流水中产卵，但由于漂流距离短，鱼卵进入水库的静水区后，便下沉死亡。河流的梯级开发，将使这一类鱼的繁殖条件完全丧失，根本无法"交流"。对于在砾石河滩产沉性卵或黏性卵的鱼类，如胭脂鱼、鲂等，当水库蓄水后流速变缓、泥沙沉积，其位于库区的产卵场不复存在，河流梯级开发后其产卵场亦将全部消失。另外，在库区生存的种类，通常种群数量较大，不易出现遗传分化，过鱼无必要性，而对于数量稀少的种类，鱼道不能解决交流问题。

"修建过鱼设施是一项花费巨大的工程，如果不尊重科学事实，硬性要求每个水电工程均修建过鱼设施，不但不能达到保护资源的目的，还造成资金上的浪费。"西藏自治区阿里地区狮泉河水电站鱼道的总投资为 1909.56 万元。这个鱼道设计的主要过鱼对象是横口裂腹鱼和锥吻重唇鱼。这两种鱼类主要在克什米尔境内印度河栖息繁殖，并不是洄游性鱼类，偶尔有少数个体在七八月份上溯到狮泉河里觅食，不建鱼道并不影响这两种鱼类资源。况且狮泉河水电站下游 20 千米处，当地群众已修筑了一个低坝，阻隔了这两种鱼的上溯通道。曾经有人说过，在江河中修建一座不起作用的鱼道，那将成为一个"愚蠢和无知的纪念碑"。[①]

另外，法条中规定的"其他补救措施"又是什么？就目前的实践来看，无非是人工养殖后放流，更多的只有象征性意义，对河流生态而言，显然无法真正起到补救效果。

2.3.6.4　《水污染防治法》

广义的水污染防治法，指国家为防止陆地水（不包括海洋）污染而制定的法律法规及有关法律规范的总称。

---

① 曹文宣. 修鱼道并非长江流域鱼类保护有效手段 [N]. 科学时报，2007-2-27 (4).

1984年5月，《水污染防治法》颁布，第2条明确，"适用于中华人民共和国领域内的江河、湖泊、运河、渠道、水库等地表水体以及地下水体的污染防治。"此后国务院及其有关部门和地方政府又相继制定了《水污染防治法实施细则》《饮用水水源保护区污染防治管理规定》以及一系列水质标准、水污染排放标准和地方性水污染防治法规，使国内的水污染法初步形成了体系。2008年，对该法进行了修订。

河流污染是国内河流当前面临最普遍问题，却不算当前最严峻的问题。前面已讲到，河水污染后，只要水源尚有，河床仍在，就有治理让河流恢复健康之可能，而河流如果被填被埋从而消失等则属灭顶之灾。国内环境立法中对水污染以及河流污染已有相当关注，法规比较全面，地方环保局对河流污染出于收取排污费等因素，也多有关注，故不属本文重点讨论的内容。

值得留意的是第16条，"国务院有关部门和县级以上地方人民政府开发、利用和调节、调度水资源时，应当统筹兼顾，维持江河的合理流量和湖泊、水库以及地下水体的合理水位，维护水体的生态功能。"本想表达"维护水体的生态功能"的立场，却在《水污染防治》的条文中出现，影射让河流有合理流量，也只是为了便于稀释污染物，达到"水污染防治"的目的，显然并非真正着眼于河流的健康与生态。

现实情况是，2009年，国务院启动了中华人民共和国成立以来最大的环境科研项目—水体污染控制与治理科技重大专项，该项目在"十一五"期间总资金投入112.66亿元，"十二五"期间计划投入140亿元。对更深层次的河流生态问题，仍然少有关注。

2.3.6.5 《河道管理条例》

1988年6月3日，国务院发布《河道管理条例》，当年6月实施，迄今已有20余年。

此《条例》制定的目的并非着眼于河流与河道健康，或者说对河道"原生态"进行保护，而是出于"管理"和"效益"目的，如其第1条规定，"为加强河道管理，保障防洪安全，发挥江河湖泊的综合效益，根据《水法》，制定本条例。"第15条第1款规定，"确需利用堤顶或者戗台兼做公路的，必须经上级河道主管机关批准。"说明河道主管部门并不介意建设单位将河道完全盖挡，成为"下水道"，甚至臭水沟。

从而不难看出《条例》的立法目的，为的是"保障防洪安全，发挥江河湖泊的综合效益"，防洪第一，效益至上，才是《条例》制定者认可的"河道管理"的真谛。具体来说，就是不能让河道被占用，以免占用行洪通道。至于保护河流健康与生态，不是此法的立法目的，当然也不会统筹考虑到。

《条例》整个第2章讲的都是"河道整治与建设"，"整治与建设"活动会对河流健康造成巨大甚至持续的破坏，因为"整治与建设"往往会考虑硬化渠道，裁弯取直等，想得的一劳永逸，会影响原有的生态河道，会破坏河床、河堤、沙石、河水流速等众多环境因素，从而影响到河流生物多方面问题。

比如甘肃省的河道采沙问题，依据《河道管理条例》和《甘肃省河道采收费管理实施细则》规定，在河道管理范围内采沙、取土、淘金，必须按照经批准的范围和作业方式进行，并向河道主管机关缴纳管理费，其收费标准的制定原则为：采沙、采石、取土按当地沙、石、土销售价格的 15% ~ 30% 计收，具体收费标准由各地（省、市）河道主管部门报同级物价部门、财政部门核定。近几年具体执行的收费标准为沙石销售价格的 25%，收费方式是采沙单位或个人于每季度末前持生产收入账向收费单位缴纳河道采沙管理费，逾期一个月不缴的，吊销采沙许可证，除应缴清拖欠的管理费外，并按月追加 1% 的滞纳金。在实际收缴过程中根本无法操作，没人会据实申报，只能按实地丈量的方法进行收取，容易被公关，缺乏统一的计算标准。

总之，《河道管理条例》主要考虑的是如何治理妨碍行洪、侵占河道方面的问题，对如何保护河流生态与健康，没有考虑与阐述，也缺乏具体操作性。

2.3.6.6　《自然保护区条例》

1994 年 10 月 9 日，国务院发布《自然保护区条例》，《条例》第 2 条规定，"自然保护区，是指对有代表性的自然生态系统、珍稀濒危野生动植物物种的天然集中分布区、有特殊意义的自然遗迹等保护对象所在的陆地、陆地水体或者海域，依法划出一定面积予以特殊保护和管理的区域。"第 32 条规定："在自然保护区的核心区和缓冲区内，不得建设任何生产设施。"《条例》对于在自然保护区内违法采摘、采石、开矿、挖砂等行为，只规定了 300 ~ 1 万元的罚款，更是明显过轻。

国内自然保护区主要分为三类：第一类是生态系统类，保护的是典型地带的生态系统。例如广东鼎湖山自然保护区，保护对象为亚热带常绿阔叶林；第二类是野生生物类，保护的是珍稀的野生动植物。例如黑龙江扎龙自然保护区，保护以丹顶鹤为主的珍贵水禽；第三类是自然遗迹类，主要保护的是有科研、教育或旅游价值的化石和孢粉产地、火山口、岩溶地貌、地质剖面等。

自从 1956 年在广东鼎湖山建立第一个自然保护区以来，截至 2006 年年底，我国共建立自然保护区 2349 个，总面积 150 万平方千米，约占陆地国土面积的 15%[①]。其中和河流相关的有"黄河三角洲国家级自然保护区""鸭绿江上游国家级自然保护区""白水河国家级自然保护区""长江上游珍稀、特有鱼类国家级自然保护区"等不多的数 10 个。

以湖北为例，与河流相关的自然保护区有"长江天鹅洲白鱀豚国家级自然保护区"和"长江新螺段白鱀豚国家级自然保护区"两个为例，主要保护长江中的白鱀豚（已

---

① 孙秀艳. 我国自然保护区发展 50 周年记 [N]. 人民日报，2006-10-26（8）.

公开宣布结构性灭绝，实际上没什么可保护了），并非着眼于保护该段长江水的流量、流速、水温等，该段也恰恰是修筑河堤、小型引水工程最密集的江段。同时长江中上游的河流工程也在对此江段产生巨大生态影响，却依然在"大干快上"。

湖北河流众多，省内国家级自然保护区有10余个，和河流相关的保护区也就上述两个，即使有自然保护区制度，众多的河流依然笼罩在被开发、建设的阴影下。

国内自然保护区体系的另外一大特点就是面积普遍偏小，超过10万公顷的保护区不到50个。我国疆域宽广，大中型河流众多，一条大中型河流的流域面积大大超过10万公顷。自然保护区远远不能将河流囊括到保护范围。

此外，由于不制定规划或规划变更频繁，各种不合理的开发建设活动本来就给自然保护区带来严重威胁，资金投入严重不足也让不少保护区陷入了开发与保护的矛盾之中。为此，2011年初，国务院办公厅印发《关于做好自然保护区管理有关工作的通知》。强调"任何部门和单位不得擅自改变自然保护区的性质、范围和功能分区，不得随意撤销已批准建立的自然保护区。要定期开展自然保护区专项执法检查和管理评估，严肃查处各类违法行为。"具体效果也不明显，2013年出版的《最美的危机：中国自然保护区媒体调查》一书中，深刻揭示了国内16家随机挑选的保护区所各自面临的各自难题，普遍面临重重压力，甚至难以为继。

2.3.6.7 《风景名胜区条例》

2006年9月，《风景名胜区条例》在原《风景名胜区管理暂行条例》基础上修订后出台。《条例》第2条将风景名胜区定义为"具有观赏、文化或者科学价值，自然景观、人文景观比较集中，环境优美，可供人们游览或者进行科学、文化活动的区域。"并将风景名胜区分为国家级风景名胜区和省级风景名胜区，"基本处于自然状态或者保持历史原貌，具有国家代表性的，可以申请设立国家级风景名胜区，报国务院批准公布"。《条例》明确，新设立的风景名胜区与自然保护区不得重合或者交叉；风景名胜区规划与自然保护区规划应当相协调。

从其定义可看出，风景名胜区主要是"具有观赏、文化或者科学价值"，相当一部分风景名胜区具有历史意义，主要以名山或山脉为主，多是点状或块状存在的，没有也不会有一条大中型河流被整体认定为风景名胜区。

国家认定的前5批共197处国家风景名胜区中，与河流相关的仅有桂林漓江风景名胜区、黄河壶口瀑布风景名胜区、辽宁鸭绿江风景名胜区、云南三江并流风景名胜区、云南省瑞丽江—大盈江风景名胜区等共计不到10处。以"黄河壶口瀑布风景名胜区"为例，仅是黄河壶口那个点上的风光，保护的区域很小，实际上早已被黄河上中下游诸多河流工程把流量、流速影响了，早不是以前的模样了。

《条例》第41条规定，"在风景名胜区内从事禁止范围以外的建设活动，未经风景名胜区管理机构审核的，由风景名胜区管理机构责令停止建设、限期拆除，对个人处 2 万元以上 5 万元以下的罚款，对单位处 20 万元以上 50 万元以下的罚款。"如此轻罚，对一个项目往往就花费数亿、数十亿的河流工程业主们，九牛一毛也算不上。

截至 2012 年底，国务院先后批准了八批国家重点风景名胜区。目前，全国共有各级风景名胜区 700 余处，其中国家重点风景名胜区 225 处。两者总面积约 19.37 万平方千米。实际保护效果并不理想，2012 年 12 月，住房和城乡建设部发布的《中国风景名胜区事业发展公报》也坦言，"一些地方不顾风景名胜资源不可再生的特殊性，违章建设，错位开发，导致风景名胜区资源破坏严重；还有一些大型基础设施建设缺乏科学论证，随意侵占、穿越风景名胜区，严重破坏其生态环境和自然文化遗产价值。"

2.3.6.8　《取水许可和水资源费征收管理条例》

《取水许可和水资源费征收管理条例》是对 1993 年颁布的《取水许可制度实施办法》做了全面修订后，于 2006 年 4 月 15 日正式施行。该条例①虽然位阶较低，但关系水量等河流核心要素，故与河流健康关系紧密。

《条例》完善了取水许可申请、受理、审批的程序规定，规范了取水申请批准文件和取水许可证的主要内容、发放程序和有效期限，增强了法律的可操作性；并对定额外的农业生产取水开始征收水资源费。

从保护河流正常与生态流量的角度来讲，《条例》无疑有积极意义，比如规定要确定国家实行年度取水总量控制制度，明确了不予批准的情形：在已经达到取水许可控制总量的地区增加取水量的；可能对水功能区水域使用功能造成重大损害的；取水、退水布局不合理的；可能对第三者或者社会公共利益产生重大损害等。理论上有利于河流径流量的保护。

此外，强化了取水许可审批的法律要求：《条例》规定，取水申请经审批机关批准后，申请人方可兴建取水工程或者设施；需由国家审批、核准的建设项目，未取得取水申请批准文件的，项目主管部门不得审批、核准该建设项目。

明确了对水电站征收水资源费：我国水资源费从 1988 年《水法》颁布实施就开始征收，但当时有一部分没有纳入征收范围，国务院出台了相关规定，使得一部分企业没有征收水资源费，农民用水不用收水资源费，《条例》将这些优惠基本都取缔了。

其中，《条例》第 32 条第 2 款规定："水力发电用水和火力发电贯流式冷却用水可以根据取水口所在地水资源费征收标准和实际发电量确定缴纳数额。"为进一步明确征收范围，2008 年 12 月，财政部、国家发改委、水利部又联合颁发《水资源费征收使用管理办法》，规定除《水法》以及国务院 460 号条令里规定不收水资源费的情形以外，

---

①　《条例》中提到的取水，是指利用取水工程或者设施直接从江河、湖泊或者地下取用水资源。

都要交水资源费。第 4 条还专门强调包括"中央直属水电厂和火电厂"也要交。同时明确，"水力发电用水和火力发电贯流式冷却用水的水资源费缴纳数额，可以根据取水口所在地水资源费征收标准和实际发电量确定。"对河流工程的盲目和大肆修建起到了一定的威慑、抑制作用。

《条例》还规定，水资源费的征收标准由两部分来制定：一是中央直属的以及跨省自治区直辖市的水利工程的水资源费，由中央制定，另一部分由地方政府制定。水资源费标准一旦制定，将根据用水量来确定缴纳数额。但水电厂的用水量很大，也比较特殊，只使用却不消耗水，故其水资源费根据发电量来计算。

但《条例》对属大型"取水"项目、严重影响河流健康的调水工程是否征收水资源费以及征收标准没有明确规定，不能不说是一大遗憾。——"以南水北调工程为例，从长江调水的成本远高于受水区开发当地水资源的成本，如果水资源费在水价中比重太低，甚至只体现工程价，讲究'实惠'的使用者势必继续掠夺式开发当地水源，而不用北调的江水。扭曲的价格将导致扭曲的资源配置。"[①]

《条例》第 5 条还规定："取水许可应当首先满足城乡居民生活用水，并兼顾农业、工业、生态与环境用水以及航运等需要。"不难看出，在立法者眼中，"生态与环境用水"的重要性，依然是排在"农业、工业"之后。

2.4 河流健康立法缺位的延伸分析——以长江鱼类保护为例

2.4.1 滥捕导致长江渔业资源严重萎缩

长江是我国最大河流，也是最大的淡水渔业宝库，光鱼类就有 378 种，其中 142 种是独有的。作为国家重要的水产品来源地和淡水鱼类基因的样本库，长江渔业对我国乃至世界生物的多样性具有重要影响。

近年来，相关主管部门通过建立自然保护区、设禁渔期等措施，努力使白鱀豚、中华鲟、江豚等一批珍稀水生动物的栖息地得到保护，一定程度上减缓了渔业资源急剧下降的趋势——虽然白鱀豚、中华鲟均已宣布结构性灭绝。

与此同时，愈演愈烈的污染、滥捕也对长江渔业资源造成了巨大伤害，加上筑坝、航运等原因，使得长江渔业资源接近严重枯竭，主要表现在：

2.4.1.1 总量急剧下降

渔业资源衰减严重，仅从鱼的种类来看，近 20 年来，一些传统品种在过度捕捞下

---

① 彭友. 专家表示目前水价偏低南水北调毫无作用 [J]. 第一财经日报，2006-11-7（5）.

已形不成渔汛，众多经济类鱼种因滥捕而数目巨减。

据农业部渔政局 2006 年统计，长江青、草、鲢、鳙四大家鱼的种苗产量已由最高年份的 300 亿尾，下降到的 2006 年的 4 亿尾。1964 年，宜昌断面鱼苗径流量是 45 亿，到 2005 年，湖北监利长江断面鱼苗径流量仅有 0.5 亿。著名鱼类学家、中国科学院院士曹文宣为此忧心忡忡"鱼类减少的重要原因，是具有繁殖能力的亲鱼大量减少了，现有的亲鱼，无不是经过九死一生，万里存一。"[1] 鱼要有一个成长周期才能繁殖，但由于过度捕捞，很多鱼还没有进入繁殖期，就被人们捕获。目前长江流域有各类渔船两万多艘，专业捕捞渔民 5 万多人，捕捞强度大大超过水生生物资源的承受能力。

2.4.1.2　品种持续减少

地球造就一个物种至少要 200 万年，人类破坏一个物种只要几十年甚至几年。

2006 年，中美等六国科学家在长江考察白鳍豚现况，经过 38 天的寻觅，只在长江口发现 1 只江豚，白鳍豚 1 只也没发现。而 20 世纪 90 年代，尚有 150 头白鳍豚生活在长江中。[2]

著名的"长江三鲜"鲥鱼、刀鱼、回鱼，也惨遭厄运。如今，鲥鱼濒临灭绝，2005 年江苏江阴市一位渔民一条野生鲥鱼就卖了 1 万多元；刀鱼产量则不及 10 年前的三分之一，10 多年前，在江阴、张家港市沿江，1 千克刀鱼只卖 1 元 2 角多一点，如今在渔船上的批发价就达千余元，还是"有价无市"。

农业部数据显示，2011 年长江三峡库区、坝下、洞庭湖、鄱阳湖和河口区的天然捕捞量已经不足 5 万吨。近两年鄱阳湖和洞庭湖的渔业产量，与历史最高产量相比，降幅均超过 50%。湖北 2010 年长江捕捞量 26.4 万吨，2011 年则只有 20.6 万吨，降幅明显。

除了数量，种类也在减少。中科院水生所研究员刘焕章 2013 年 3 月对鄱阳湖的调查显示，体重小于 50 克的渔获物占到了总量的 97.4%；而长江主要经济鱼类四大家鱼的比重仅为 0.25%。"20 世纪 80 年代以前的记录显示，鄱阳湖内有 117 种物种，去年只剩下 86 种。"刘焕章说。[3]

2.4.2　滥捕新手段层出不穷

滥捕主要指非法与过度捕捞，具体方式多种多样、新花样层出不穷，是长江及其通江水域渔业资源急剧萎缩的重要原因。

---

① 尤义. 中科院院士：长江淡水鱼 40 年内或将灭种［N］.长江商报，2006-11-14（6）.
② 梁宝忠. 拯救珍稀水生动物　51012 尾中华鲟顺利放归长江［N］.中国农业报，2007-4-23（4）.
③ 付文. 长江渔业资源告急［N］.人民日报，2013-6-3（7）.

科技、工业的进步，使得化工品、鱼药、鱼网相对成本都不断下降，加上长江流域职业和业余渔民人口基数庞大，滥捕中采用原有或新出现的投毒、踩溜、滚钩、抬网、灯光网、超声波、迷魂阵、电打、抽水排干等滥捕方式，将该江面或江段的种鱼甚至当年的幼鱼、鱼仔"一网打尽""全河灭绝"，如：

迷魂阵。又叫"网簖"，是幼小鱼的大敌，在湖南、湖北一带使用非常普遍，鄱阳湖、江汉平原等地网簖网眼直径一般只有5~10毫米，洪湖网簖网眼最小直径只有1毫米。众多网簖形成了一个巨大的"迷魂阵"，类似的网簖仅在东洞庭湖上就有6000多部，日均捕捞各类幼鱼达数万千克。

抬网。抬网面积很大，常常可达数百平方米，一般在夜晚和强光诱鱼结合起来使用，是破坏水库等缓水区渔业资源的罪魁祸首，能将强光诱来的大小鱼一网打尽，是对渔业资源的掠夺性捕获。2008年6月11日，三峡库区的湖北省秭归县渔政部门检查时发现光童庄河口就有44部抬网，昼息夜出。

电子捕鱼。主要指各类所谓的电子捕鱼机，利用的多是超声波捕鱼，利用超声波对鱼、鳖等水中生物的心脏和脑部神经击昏，从而大面积浮出水面，具有相当科技含量，且购置成本低，杀伤力强，在水中可将半径20余米、深50米范围内的白条、黄辣丁等无鳞类各鱼种一次性打晕，且随着生产的改进，其杀伤力仍在持续提升，对长江水产资源损害极大。

2.4.3 长江渔业生态保护现有法规分析

"天上飞的鸟，地上跑的动物，数量减少大家都可以看见，只有鱼类的衰退，没有引起人们的足够重视。如果按现有速度继续衰退，40年之内，长江淡水鱼类有可能灭种！"[①]中科院曹文宣院士一席话，道出了长江渔业现况之悲惨。

从目前情况看，如何打击滥捕成为急迫问题，无论是在保护法规、管理主体、措施与手段以及管理效果来看都令人担忧，尤以法制与保护要求不匹配为甚，目前限制滥捕长江渔业相关的法规相当可怜：

（1）《渔业法》及《实施细则》。《渔业法》1986年颁布，《渔业法实施细则》1987年颁布，2000年和2004年《渔业法》分别有过一次修订，适用于我国海洋、淡水以及河流渔业的保护。

其中限制滥捕的条款主要为第30条："禁止使用炸鱼、毒鱼、电鱼等破坏渔业资源的方法进行捕捞。禁止制造、销售、使用禁用的渔具。禁止在禁渔区、禁渔期进行捕捞。禁止使用小于最小网目尺寸的网具进行捕捞。捕捞的渔获物中幼鱼不得超过规

---

① 尤义.中科院院士：长江淡水鱼40年内可能将灭种［N］.长江商报，2006-11-14（3）.

定的比例。在禁渔区或者禁渔期内禁止销售非法捕捞的渔获物。

重点保护的渔业资源品种及其可捕捞标准，禁渔区和禁渔期，禁止使用或者限制使用的渔具和捕捞方法，最小网目尺寸以及其他保护渔业资源的措施，由国务院渔业行政主管部门或者省、自治区、直辖市人民政府渔业行政主管部门规定。"

此规定看起来冗长详尽，实际却是过于笼统，模糊不定，可执行力差，何为"破坏渔业资源的方法"，除了"炸鱼、毒鱼、电鱼"外，条文并没有细致规定。严格来说，即使是"钓鱼"，也算"破坏渔业资源的方法"，但除了在保护区等特定区域，钓鱼显然不应被"禁止"。

此外，哪些属于"禁止制造、销售、使用禁用的渔具"，哪些属于"小于最小网目尺寸的网具"，都被授权给"国务院渔业行政主管部门或者省、自治区、直辖市人民政府渔业行政主管部门"来"规定"。可这些主体往往并没有去做具体规定，或者做出规定后，也不会采用切实有效的宣传方式，更没有根据渔业资源实际情况进行适当调整的程序与机制；或规定了也没有抓执行落实，成为一纸空文①。从而无法从基础法律上来杜绝长江流域的滥捕。

同时，《渔业法实施细则》第 21 条规定，"县级以上人民政府渔业行政主管部门，应当依照本实施细则第三条规定的管理权限，确定重点保护的渔业资源品种及采捕标准。"

也就是说，《渔业法》给省级渔业主管部门的授权，《渔业法实施细则》又授权给"县级以上人民政府渔业行政主管部门"，即省、市、县三级渔业行政主管部门，都有制定"保护的渔业品种、捕捞标准、禁渔区、禁渔期、禁止使用或者限制使用的渔具和捕捞方法、最小网目尺寸"等权力。

（2）《野生动物保护法》及其配套规定。《野生动物保护法》第 2 条规定："野生动物，是指珍贵、濒危的陆生、水生野生动物和有益的或者有重要经济、科学研究价值的陆生野生动物。珍贵、濒危的水生野生动物以外的其他水生野生动物的保护，适用渔业法的规定。"②

——可见，只有"珍贵、濒危"的珍稀鱼类才可适用《野生动物保护法》规定。长江特有鱼类虽有 142 种，属国家一、二级重点保护水生野生动物却只有 14 种，如此一来，只有中华鲟、白鲟、江豚、白鱀豚等被列为保护动物的鱼类，方可享受等同于"野生动物"的待遇，即"禁止任何单位和个人非法猎捕"。但诸多的非"珍贵、濒危"

---

① 如《安徽省实施〈渔业法〉办法》第 21 条规定："主要水生动物的可捕标准：青鱼、草鱼七百五十克以上，鲢鱼、鳙鱼五百克以上"，明显不具有可操作性，在鱼越来越少的情况下，渔民难道会将只有七百克的青鱼或草鱼放归江里，捕到鱼后渔民还会先来秤重？渔政部门也无法监督。

② 《渔业法》第 21 条规定：禁止使用军用武器、毒药、炸药进行猎捕。

非鱼类，即其他 128 种长江特有鱼类，就没有这么好的运气了，只能"适用渔业法的规定"。所以，虽然经常看到渔民误捕中华鲟后被放生的新闻，实际上随着超声波捕鱼器、电鱼器等设备的兴起，长江滥捕现象有增无减、变本加厉。

（3）《长江渔业资源管理规定》。农业部 1995 年颁布，计 21 条，专门保护"长江干流及通江水域"的渔业资源，是当前专门针对长江渔业保护的法规。①主要规定了长江渔业资源保护对象、加强长江环境保护等内容。仅第 6 条对禁止滥捕做了规定："禁止炸鱼、毒鱼和使用电力、鱼鹰、水獭捕鱼，禁止使用拦河缯（网）、密眼网（布网、网络子、地笼网）、滚钩、迷魂阵、底拖网等有害渔具进行捕捞。沿江闸口禁止套网捕捞生产。"对违反的处罚，《规定》中只有第 19 条涉及："对违反本规定的，由渔政渔港监督管理机构按照有关法律、法规予以处罚。"显然过于空乏。

（4）《关于严禁炸鱼、毒鱼及非法电捕作业通告》。农业部、公安部 1996 年联合发布，针对当时炸、毒、电捕鱼行为泛滥作出的阶段性应急性处理，具有暂时性、短期性的特征，不具有长期性、规范性和稳定性。

（5）其他专项规定。如《长江中下游中华绒螯蟹管理暂行规定》等，主要是针对某一品种或专类渔业资源保护，一般民众知悉者少，且对禁止滥捕没有做出相对概括性规定，不具有普遍意义。

此外还有《长江中下游渔业资源管理暂行规定》，1988 年颁布，条款中对禁止滥捕没有做出详细规定，在《长江渔业资源管理规定》颁布后已失效，类似规定就不再赘述。

据以上分析，可看出长江渔业资源保护体系中，防止滥捕的法规至少有以下缺陷：

（1）法规不完善，立法层级较低。目前防范长江滥捕的实际只有《渔业法》的 30 条与《长江渔业资源管理规定》第 6 条。《渔业法》第 30 条则只有概括性规定，实际将保护的渔业品种、捕捞标准、禁渔区、禁渔期、禁止使用或者限制使用的渔具和捕捞方法、最小网目尺寸等授权给渔业主管部门和各省市渔业部门。即使被授权单位做出了规定，又有多少渔民或民众会去了解？而《长江渔业资源管理规定》则仅为农业部规章，层级过低，知晓或了解者寡。

（2）规定不明晰。如《长江渔业资源管理规定》第 6 条规定并不明确，多小的网眼算"密眼网"？什么样的网叫"拦河缯（网）"？比如渔民横在江面上的一段漂网算不算"拦河缯（网）"？虽有了条文，问题仍悬而未决，规而不定，致而不细，也是国内立法上的通病。

---

① 1999 年农业部开展长江流域打击电、炸、毒鱼等非法作业联合行动时，就强调要以"根据《渔业法》《渔业法实施细则》《长江渔业资源管理规定》"进行查处，可见《长江渔业资源管理规定》等在长江渔业保护中已起到主体作用。

（3）未及时修订。如《渔业法实施细则》是农牧渔业部 1987 年 10 月 20 日发布的，农牧渔业部已不复存在，《渔业法》也已修订过，近几十年来，渔业资源严重枯竭，《实施细则》却 20 多年未变。《长江渔业资源管理规定》制定也有 10 余年，在超声波捕鱼、抬网捕鱼等新方式迭出的形势下，应做出及时更新。

（4）处罚过轻。《渔业法实施细则》中规定"炸鱼、毒鱼的，违反关于禁渔区、禁渔期的规定进行捕捞的，擅自捕捞国家规定禁止捕捞的珍贵水生动物的，在内陆水域处 50～5000 元罚款"。毒鱼等滥捕行为可导致一条小型河流的鱼虾类资源全部死绝，生态损失巨大，仅罚 50～5000 元，明显严重畸轻，这也和其长期不修订更新有关。

（5）立法不符合流域特点。长江流经 11 省市，本是一条河、一个整体，"国务院渔业行政主管部门或者省、自治区、直辖市人民政府渔业行政主管部门""县级以上人民政府渔业行政主管部门"根据《渔业法》《渔业法实施条例》得到的授权，可以确定"保护的渔业品种、捕捞标准、禁渔区、禁渔期、禁止使用或者限制使用的渔具和捕捞方法、最小网目尺寸"等，明显不符合河流整体性互通性的自然规律，比如某种鱼可能在湖北是保护鱼类不准捕捞，在江苏就是非保护鱼类，甚至一个地区各县区规定就不一样，可能导致恣意任意捕捞、执法标准不统一，加上执法部门普遍存在的依法行政的素质和意识偏低，执法观念淡薄，重前置审批轻后续监管的问题，最终监管虚无力，也无心去监管。

（6）主体不明。《长江渔业资源管理规定》第 3 条规定，"长江渔业资源管理委员会负责长江渔业资源的管理和协调工作。长江渔业资源管理委员会办公室（设在农业部东海区渔政渔港监督管理局）负责日常工作。"① 目前东海区渔政渔港监督管理局设在长江之末的上海，挂三块牌子：农业部东海区渔政渔港监督管理局、农业部东海区渔业指挥部、长江渔业资源管理委员会，实际是一套人马，主要职责是东海区渔政监管，再去"管理和协调"长江渔业显然力不从心。地方渔业机构设置也很混乱，主管部委农业部规定的是省级建立渔政执法总队，市州建立渔政执法支队、县级建立渔政执法大队，均要开展综合执法，实行依法治渔。但是由于种种原因，大多数省市都未落实，有的单设，有的合设，有的挂靠；对外名称上，有的叫"水产局"，有的叫"海洋与渔业局"，有的叫"畜牧水产局"，有的叫"渔政渔港监督局"，执法手段也很落后，只能是跟着渔船跑，如果渔民将违禁类的捕鱼机扔水里拒不承认，水产渔政主管部门连证据都没有，心有余力不足。

---

① 《野生动物保护法》第 7 条："县级以上地方政府渔业行政主管部门主管本行政区域内水生野生动物管理工作"。

第3章 我国河流健康管理体制、政策问题

3.1 概述

由于河流管理涉及众多技术领域的准则、标准，不少法律规定的细化落实最终要体现在管理体制与政策上。如《水法》第26条规定——"国家鼓励开发、利用水能资源。在水能丰富的河流，应当有计划地进行多目标梯级开发。"此类规定显然要依靠主管和分管的国家部门以及各级地方政府通过具体政策、文件与措施来落实。

因此，除了法律，体制与政策也是决定河流健康的重要因素，有必要对国内河流管理体制与政策做些分析。其中，政策主要涉及规划、招商引资、财税、信贷政策等。

从国内河流健康管理的实际情况来看，首先是管理主体不明、权限不够、责任不清、权与利搅和，不利于河流健康。在政策方面，规划、财税、信贷、招商引资等方面，各类文件、规定明显倾向于支持兴建河流工程，不利河流保护。比如国内河流规划明显滞后于时代，残缺不全，并以开发江河、引水求电为主旋律，财税政策上普遍将水电看作新能源、大税源，给予了大力扶持态度。信贷方面，水电被视为优质项目，引水与河道改造等市政工程也被视为基础设施，银行乐意贷款。就招商引资而言，河流工程通常耗资大、工期长，对当地经济拉动明显，尤其是水电工程竣工后，会给当地带来稳定的大额税源，更被视为地方政府招商引资和银行信贷项目中的"金娃娃"。

与国内经济高速发展相同步的，是生态环境的"江河日下"，是河流被掩埋、被污染、被截断、被调水，国内河流之惨在世界范围也是鲜有敌者。截至2010年，"国内已修建的闸坝和水库总数分别为39834座和85153座，其中大型闸坝和水库分别是416座和453座。据不完全统计，淮河流域内已建闸坝和水库总数分别为5784座和5669座；长江流域已建闸坝和水库总数分别为11192座和45697座，其中大型闸坝和水库分别为35座和143座；黄河流域已建闸坝和水库的总数分别为1859座和2834座，其中大型闸坝和水库分别为33座和27座，2020年之前，黄河流域内规划建设23座库容在

1 亿立方米以上的大型水库。"①

有水皆污，有河皆枯，逢河见坝，遇溪见渠，见水无鱼，是国内江河的真实写照。一道闸、一座坝、水泥堤、水泥底，对鱼类来说就是一道鬼门关，对河水中的物质交换、物种繁衍来说就是一道生死关，对河流生态系统而言，更是生死攸关。

从江南水乡到北国边陲，神州大地消失或干枯的河流实在太多，市里的江被填，县里的河被填，就连镇里的溪也被填了。印象很深的是曾去过的无锡荡口镇，原是一个周庄般的河道纵横的水乡古镇，曾经婚嫁都是舟接船送，道不尽的诗情画意。20 世纪 80 年代后，荡漾交错的河流皆被填筑后修路，前几年再去，处处车水马龙，镇镇高楼林立，灰尘飞扬。如今看着邻近的周庄古镇靠着水乡风情发展旅游业，仅门票收入就是日进斗金，富甲一方，羡慕不已，后悔不迭，却悔之晚矣。

3.2　管理主体：多头之局

"九龙治水"是国人对国内管水部门的戏称，指在涉水涉河的管理问题上，至少涉及九个政府部门：水利部门、环境部门、流域水环境管理机构、国土资源部门、交通部门、农业部门、市政管理部门、计划部门、国家与地方水环境管理部门等，见图 3.1 所示：

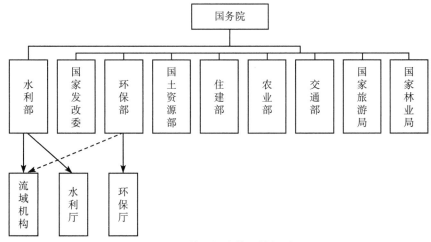

图 3.1　涉及河流管理的部委

其中，水利部是水行政主管部门；国家发改委参与水资源开发与生态环境建设规

①　苗红．中国河流健康状况令人堪忧，中国环境与发展国际合作委员会网站．［2008－8－17］．http：//www．cciced．org/cn/company/tmxxb143/card143．asp？tmid＝3528&lmid＝5222&siteid＝1．

划并平衡农业、林业、水利等发展规划与政策;环保部门是河水污染防治与河流工程环评的行政主管部门;国土资源部门负责河流与库区地质灾害的防治;住建部负责城市供水、排水和城市污水处理等;农业部主要职能是农业面源污染控制、保护渔业水域环境与野生动物栖息地;国家林业局负责河流流域生态、水源涵养保护与管理和湿地管理;交通部负责内河航运、船舶排污控制;卫生部监督管理饮用水水源标准。其中,主要由两个部门管:水利部门管用水,环保部门管水质。

近年来,为加强河流、水质、湿地管理,国家相继出台了一系列法规和政策,由于缺乏统筹以及众所周知的实际存在的部门立法现象,导致法规出台后,河流的管理主体和管理对象上出现多头多脚之乱,极易混淆和冲突。

比如,在流域管理上,修订后的《水法》将河流流域管理体制定为"国家对水资源实行流域管理与行政区域管理相结合的管理体制",即为管理主体二元制奠定了立法基础,如长江委与湖北省水利厅,都在武汉,都能管理长江湖北段和及湖北省内的长江支流的水利事务。

河道管理上,《河道管理条例》规定,各大河流的"边界河道以及国境边界河道,由国家授权的江河流域管理机构实施管理,或者由上述江河所在省、自治区、直辖市的河道主管机关根据流域统一规划实施管理。"也体现了二元制的立法特点。

水质管理上,《水污染防治法》第8条则规定县级以上环境保护部门"对水污染防治实施统一监督管理。"但现实的情况还有,海事管理机构对船舶污染水域的防治实施监督管理;水行政、国土资源、卫生、建设、农业、渔业等部门以及重要江河、湖泊的流域水资源保护机构,在各自的职责范围内,都有权对分管领域内的水污染防治进行管理监督。

取水管理上,《取水许可制度实施办法》第19条规定,在长江、黄河、淮河等国家确定的重点河流的干流,跨国河流,国境边界河流以及其他跨省、自治区、直辖市河流指定河段限额以上取水的,"由国务院水行政主管部门或者其授权的流域管理机构审批取水许可证申请,发放取水许可证。"同样是二元制授权。

主体的规定大多不明确,有环保部官员直言不讳,"目前'垂直分级负责,横向多头管理'的流域水环境保护体制存在重大缺陷。这样一种分割管理方式直接导致责权利的不统一,争权不断,推责有余。这个部门管调水,那个部门分管污水处理;这个部门管农业污染,那个部门管工业污染;这个部门管技术资金,那个部门管发展资金。"[①]

具体到地方层面,主体不明的现象、趋势也很明显,比如《南京水系系统管理办法》规定,内河归市政公用局管,外河归水利局管;河道上的污染治理、维护、保养等归建设局管;河岸垃圾的直接负责单位为市容管理部门;环保局负责工业污染排放

---

① 潘岳. 官的问题解决了,环保的问题就都解决了[N].新闻晨报,2007-7-4(7).

管理、水质监测等工作。如果是风景区，还要涉及景区管理处。如此多部门都负责水环境整治，协调不当、缺乏沟通、各管各的反而不利于解决问题，市内的月牙湖的管理广受诟病。——水流是相通流动的，是完整的水系，应考虑综合管理，如果管理相对集中，问题就可以集中反映，解决起来也将更容易，如果分段或分条块管理，显然容易出现揽权推责。

除了部委或部门，流域相关管理机构也不少，如有权管理长江相关事务的流域机构就有 5 个：除长江委之外，还有农业部的长江渔业资源管理委员会、交通部的长江航务管理局、长江水资源保护局（由水利部和国家环保总局双重领导）以及长江上游水土保持委员会①。加上沿江的 11 个省、自治区、直辖市的各级政府和水利、环保等部门，就是纷繁复杂，或者是有意推脱或者是纷争四起。而作为理论上的牵头机构——水利部下属的副部级机构长江委，也难以有效协调其他部委和地方政府。

于是，导致流域或环境规划制定、修订随意，各级建设与规划部门往往从部门利益、个人利益出发，较少会去考虑环境因素，如前些年各地密集上马小水电时编制过流域规划的寥寥无几，或即使定了也没有统筹考虑发电与生态保护、环境流量的关系，导致各小流域无序或过度开发，这些工程大多由地方政府直接确定，以招商引资的名义筑坝修堤，或大打抗洪利民的旗号兴部门之利，在程序上则是先上车再买票，开了工再去跑核准，相关程序又缺乏公众参与，没有谁会去关心山里面那条小河以及河边的农民。

国内河流工程当前的建设体制，可概括以业主负责制、建设监理制、招标承包制为主要框架，自 20 世纪 90 年代逐步形成并推广开来，业主多是有限责任公司模式的公司法人，曾经国有公司居多，但随着投资主体的放宽和非国有经济的发展壮大，在中小河流工程领域，民营企业、外资企业逐步成为建设和运营的业主单位，他们往往有着更强烈的盈利冲动和还贷压力，河流健康更成了被遗忘的部分。

3.3　主管部门：权轻并利混

先说权轻。目前国内水利部门以及作为水利部派出机构的各流域委员会具体负责河流规划与水量管理，也就是河流健康关键要素理论上由其负责，他们却对权力有限有切肤之痛，有些类似《环境保护法》修订前的环保部门，2014 年，修订后的《环境保护法》才赋予了环保部门可以"查封、扣押造成污染物排放的设施、设备"，可以将情节严重的违法者移交公安机关进行"行政拘留"，大大提升了其处罚权限。

1988 年国务院进行机构改革，批准水利部的"三定"方案时，明确指出七大江河流

---

① 王强．长江在危机中重构［J］.商务周刊杂志，2007-05-10：12-15.

域机构是水利部的派出机构，授权其对所管理流域行使《水法》赋予水行政主管部门的部分职责。比如长江委，1994年水利部在批准长委的"三定"方案中详细地规定：长江水利委员会是水利部在长江流域和西南诸河的派出机构，国家授权其在上述范围内行使水行政管理职能。随后，中央又两次明确流域管理机构代表水利部行使所在流域及授权区域内的水行政主管职责，为具有行政职能的事业单位。但实际上，就最影响河流健康的河流工程而言，"目前，能够批复河流工程规划的有权主体，除了各流域委员会之外，各省市的水利厅、经贸委、发改委也有权批复，甚至地市一级也有权批复。"①

各流域保护机构，实际上都是水利或者水利与环保部门双方的派出机构，却不是行政执法主体，甚至连长江、黄河、珠江等流域水资源保护局也只是事业单位，听着挺像回事，却没有完整意义上的独立的执法资格，好多民众与某些地方政府都认为事业单位没有执法权，那些委员会缺乏权威性、威慑力。如长江委的职能虽几经变化和加强，但一直没有摆脱"没有委员的委员会""只管抗洪防洪的委员会"等尴尬角色，而黄河委则一直忙碌于有限水量分配中的协调工作中。

再谈争利。前长江水利委员会水资源保护局局长翁立达曾总结，"西南水电现在上马，正是因为国内正在使用的旧长江流域管理规划无法约束开发公司的行为。"实际上，河流规划无法约束各类河流工程上马的原因，除了规划"旧"，还有更深层次的问题，即规划、设计中藏匿的利益。

以长江流域规划为例，按《水法》相关规定，规划执行主体应为水利部，并须经国务院批准后生效。实际执行中，规划编制者为水利部流域派出机构长江水利委员会，具体操刀者又为长江委直属的下级单位长江勘探规划设计研究院，通过查阅其网站，可以知道它的注册地在湖北武汉，是一家"从事工程勘察、规划、设计、科研、咨询、建设监理及管理和总承包业务的科技型企业"。"承担勘察设计已建的代表性工程有：葛洲坝水利枢纽；丹江口水利枢纽；清江隔河岩水利枢纽；长江中下游堤防工程等。在建的代表性工程有：世界最长的调水线路南水北调中线工程；世界最高混凝土面板堆石坝清江水布垭……"连续多年入选湖北企业百强中院，2012年，湖北企业百强的入选标准已达22.5亿元。可见，该单位本质上是一家以盈利为天职的企业，企业以赚取利润为根本目的，各河流工程的业主单位是其委托单位，本就存在裙带关系，且工程越多、投资越大，即期与预期利润越丰厚，如此制度上的利益捆绑值得商榷。

长江委有近3万名职工，除了有长江勘探规划设计院之外，还下辖长江水利水电开发总公司、扬子江工程咨询有限公司、工程监理中心等诸多企业实体，大树底下好乘凉，基本都从事河流工程相关领域工作，如果没有河流工程，不进行大规模的流域

① 曹海东.长江流域管理规划落后：西南水电大跃进无法可依［N］.南方周末，2008-4-10（4）.

内施工，诸多职工的生计将难以为继。

再以驻守郑州的黄河水利委员会为例，查看其网站，即可知道：截至 2013 年底，其已发展成为在职职工近 3 万人、所属机构遍布黄河流域 8 个省区的大型治河机构，能够查到的数据是 2008 年，"全委共有企业 181 家，其中电力企业 2 家，施工企业 71 家，设计咨询监理企业 14 家，养护公司 16 家，其他企业 78 家。实现经营收入 63 亿元，利润 1.1 亿元。"如此多的三产职工要养活，在主管的河流上不多规划多施工些河流工程，企业就失去了利润来源。利润从何而来，只能是多兴土木，至于河流健康，还是先在一边晾着。

总之，这些河流、水利主管部门以治河为传统、为口号，同时又靠水吃水、食水之利，下设多家盈利性质的设计或施工监理类企业，主要从业范围即是河流工程领域，与河流工程交织缠绕着直接利益关系，存在渔利的内在冲动，如各级水利局（厅）多有"水利工程团"之类的下属企业，各流域委员则辖有诸多以河流工程为长项的设计、施工、监理类单位或队伍。由是，在河流工程建还是不建，大建还是小建的问题上，难免有利益决定的潜在倾向。

3.4　河流规划：滞后与缺位

3.4.1　规划权现况

规划是城市的灵魂，也是河流的灵魂，决定河流的未来，影响河流的兴衰存亡。同时，河流的各种功能存在其内在联系及其转换关系，某一功能的过度开发利用将会导致其他功能的降低或者丧失。而不同地区地理条件和人类需求的差异，决定了对河流的索取存在差异性：一般而言，供水功能处于首要位置，有一些河流，航运功能会占据比较重要的位置，或者说以前可能供水最重要，当前可能管理者认为发电最重要，加上牵涉到几个国民经济部门，关系复杂，在一些原则问题和具体问题，有各种不同的看法。目前国内还没听说哪条河的生态功能被管理者置于首要位置，一般都是防洪、发电、灌溉等被视为河流的首要功能。规则决定结果，从而导致了国内河流的悲惨局面。因此，有必要对现况进行分析梳理。

规划目光要长远，一定要全面地考察和分析一切有关的问题：既要看到支流，也要看到干流；既看到防洪、排涝和灌溉，也要看到发电、航运以及城市和工业用水；既要看到水库，也要看到堤防和洼地蓄洪；既要看到水电站，也要看到火电站；既要看到自流渠灌溉，也要看到扬水灌溉和掘井筑塘；既要看到河流开发的效益，也要看到国家投资和水库淹没的代价；既要看到近期的要求，也要看到远景的发展，在取舍中往往存在着很多的难题。近些年来，许多河流上建造了大量河流工程，在防洪、发电、灌溉、航运、给水等方面发挥了一定的作用，但其带来的大量负面效应往往没有被重视。加上当时条件和理念限制，有些工程没有经过全流域的通盘考虑便设计施工，有些工程单单考虑了某一方面，没有考虑其他部门的需要，例如，官厅、大伙房、佛子岭、梅山诸水库工程，都是在开工以后边施工边修改，才达到防洪、发电、灌溉和城市及工业用水综合利用的目标，当时考虑的是如何将最后一滴水都发挥效应，现在却发现自然流淌时的生态效益才是最稀缺、宝贵的。那些河流工程往往耗时长、投资巨大，不可能马上一拆了之，如何进行长远规划和逐步改良需要统筹安排。

根据新《水法》第17条、第19条等相关法规①，国内河流规划权现况如图3.2所示：

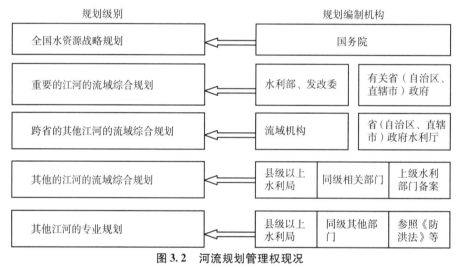

图3.2 河流规划管理权现况

---

① 第17条 国家确定的重要江河、湖泊的流域综合规划，由国务院水行政主管部门会同国务院有关部门和有关省、自治区、直辖市人民政府编制，报国务院批准。跨省、自治区、直辖市的其他江河、湖泊的流域综合规划和区域综合规划，由有关流域管理机构会同江河、湖泊所在地的省、自治区、直辖市人民政府水行政主管部门和有关部门编制，分别经有关省、自治区、直辖市人民政府审查提出意见后，报国务院水行政主管部门审核；国务院水行政主管部门征求国务院有关部门意见后，报国务院或者其授权的部门批准。前款规定以外的其他江河、湖泊的流域综合规划和区域综合规划，由县级以上地方人民政府水行政主管部门会同同级有关部门和有关地方人民政府编制，报本级人民政府或者其授权的部门批准，并报上一级水行政主管部门备案。专业规划由县级以上人民政府有关部门编制，征求同级其他有关部门意见后，报本级人民政府批准。其中，防洪规划、水土保持规划的编制、批准，依照防洪法、水土保持法的有关规定执行。

第19条 建设水工程，必须符合流域综合规划。在国家确定的重要江河、湖泊和跨省、自治区、直辖市的江河、湖泊上建设水工程，其工程可行性研究报告报请批准前，有关流域管理机构应当对水工程的建设是否符合流域综合规划进行审查并签署意见；在其他江河、湖泊上建设水工程，其工程可行性研究报告报请批准前，县级以上地方人民政府水行政主管部门应当按照管理权限对水工程的建设是否符合流域综合规划进行审查并签署意见。水工程建设涉及防洪的，依照防洪法的有关规定执行；涉及其他地区和行业的，建设单位应当事先征求有关地区和部门的意见。

目前河流的规划，主要是根据河流大小、是否跨国、跨行政区域等为主要依据进行的划分，在规划起主导作用的是各地水利部门，如国家水利部、水利部派出的各流域委员会、县级以上水利厅局等。

3.4.2　严重滞后

河流规划是河流工程设计、施工、运行的依据，河流工程必须服从河流流域规划大局，国内河流规划也严重滞后于时代发展和民众需要。

以流域面积最大、水能资源最丰富的长江流域为例，20 世纪 50 年代中期长江水利委员会在勘察的基础上提出了《长江流域综合利用规划要点报告》，对长江干流各河段、主要支流的规划以及南水北调、河道整治等河流开发治理进行了初步规划和工程规划。80 年代修订后形成了《长江流域综合利用规划简要报告》[1]，1990 年 12 月经国务院批准施行[2]。主题思路为防洪与开发水能，多年来已不能正确反映当前流域环境和经济社会状况的变化。比如，20 世纪 90 年代批复的长江流域综合规划预计到 2000 年长江干流城市工业废水排放量为 78 亿立方米，但 2000 年实际排放量已达到 216 亿立方米。

相隔 30 余年后的 2012 年，《长江流域综合规划（2012—2030）》正式出台，强调的仍是"进一步提高防洪减灾能力，基本实现水资源高效利用"，"2020 年以前，长江流域将处于强化治理开发……应通过加强工程措施和非工程措施建设，不断提高防洪减灾能力，基本实现水资源合理开发利用"。可见，"加强工程措施和非工程措施建设"仍是未来十多年综合规划的主题思想。

在建设环节，受条件所限，不同时期有不同的追求。比如中华人民共和国成立初期建水电项目，筹集资金困难，争取到资金，花大气力建成投产后，往往急着挖潜增效，总是把水截干引尽，水电站建到最益最优，却没有顾及到环境流量，远远没能做到利益相关者的整体最优。就一个小流域而言，大小坝是混杂的，上游弄个中型水库，中间弄个大的，下面的水库大小再由不同时期筹集的资金决定，整条河流很难实现配置最优，更不会顾及到生态系统的保护，尤其是在人烟相对稀少的西部地区。

时至今日，规划更应把握好流域河流工程建设的尺度和强度。如水电开发要减少占用天然河道的长度，根据不同珍稀生物的生活习性以及人文自然景观特征，保留充

---

[1]　明确提出了以三峡水利枢纽为主体的长江流域综合利用规划有五大开发计划，即：川以防洪、发电为主的水利枢纽开发计划；仰以灌溉、水土保持为主的水利化计划；以防洪、除涝为主的平原湖泊区综合利用计划；间以航运为主的干流航道整治与南北运河计划；间向相邻流域的引水计划。

[2]　国务院在批准文件中指出：依照《中华人民共和国水法》的规定，这次原则批准的《长江流域综合利用规划简要报告》，是今后长江流域综合开发利用、保护水资源和防治水害活动的基本依据。

足和必要的天然河段，要防止"吃干榨尽"式的开发，避免水电开发各梯级首尾相连、河流水体湖库化，尽最大努力来维护河流生态系统的健康。同时，河流开发规划必须优先考虑流域生态保护的需求，充分保障生态用水。要避免水电开发超出河流生态系统的自我修复能力，确保河流生态系统功能有效发挥。

3.4.3　规划缺位

首先是表象，规划数量的缺位。国内河流规划面临不健全不规范的问题，不仅中小型河流没有规划，一些重要江河也是如此，流域综合规划缺位问题更是比较严重，水利部调查显示，"西南地区的一些重要跨国河流和南方的一些重要江河，地方或电力行业布点大力开发水能资源时，水利部门没有流域综合规划作为依据，难以就防洪、水资源利用以及生态保护等问题提出权威性意见，造成一些地方和行业跑马圈河，无序开发。"[1]

然后是内在，规划理念的缺位。客观地说，国内河流规划，从来没有将河流健康摆放到应有位置，总在思量防范洪水和多功能开发。早在20世纪70年代末，原电力部组织全国水电勘测设计和有关单位编写《十大水电基地开发设想》，[2]当时主要强调向水力发电要效益。到了1989年10月，中国水利水电规划设计总院在增加东北及黄河中游北干流两个水电基地的基础上，编制了《十二大水电基地》的规划性文件，对河流生态需要和功能也没有给予基本的重视。哪怕到了2007年，国务院转发水利部《关于开展流域综合规划修编工作的意见》中，第一句即为"流域综合规划是开发、利用、节约、保护水资源和防治水害的总体部署"——可见流域综合规划中，河流的"开发、利用"在国内总是排在"保护"的前面。[3]而河流规划的制定部门和审批部门，即水利部、国家能源局及其下属的设计、规划类企事业单位，又会在多大程度上听取环保部门和流域民众的意见呢？

国家层面，《能源"十一五"规划》中，提出要"积极开发水电基地将按照流域梯级滚动开发方式，建设大型水电基地。重点开发黄河上游、长江中上游及其干支流、澜沧江、红水河和乌江等流域。"基本是《十二大水电基地》提法的翻新版。

《能源"十二五"规划》提出"积极有序发展水电"，"全面推进金沙江中下游、澜沧江中下游、雅砻江、大渡河、黄河上游、雅鲁藏布江中游水电基地建设，有序启

---

① 张周来. 我国流域综合规划严重滞后［N］. 云南日报，2007-01-19（3）.
② 十大基地是黄河上游、南盘江、红水河、金沙江、雅砻江、大渡河、乌江、长江上游（包括清江）、澜沧江中游，湘西和闽、浙、赣等10个大型水电基地进行了规划布局，总装机容量达1.7亿kW。
③ 《意见》中明确："力争用3年左右的时间完成长江、黄河等七大江河流域综合规划的修编工作，用5年左右的时间基本完成全国主要江河流域综合规划的编制工作，建立起较为完善的流域综合规划体系。"

动金沙江上游、澜沧江上游、怒江水电基地建设，优化开发闽浙赣、东北、湘西水电基地，基本建成长江上游、南盘江红水河、乌江水电基地。"即，在"积极"的基调上加上了"有序"，但"积极"仍是排在"有序"前，在"积极"的热浪中会有多少人会将注意力放在空谈、无力的"有序"上？

另一方面，虽然河流开发、建设的规划权主要在水利部门，国内却有"九龙治水"的传承和现状，水利部门做出的规划，往往与其他部门规划存在不少交织或矛盾，具体到了执行层面上，由于主管河流的"婆婆"太多，也难以真正得以执行。比如当前批复河流工程的主体"除了大型工程由国家发改委分管之外，以往省市的水利厅、经贸委、发改委也有权批复，甚至地市一级也有权批复。"①2013 年 9 月 25 日，国务院召开的常务会议上，决定除了主要河流上建设的项目和总装机容量 25 万千瓦及以上项目由国务院投资主管部门核准外，"其余项目由地方政府投资主管部门核准"。减政放权固然可喜，但如果监管不到位，在地方政府的发展冲动中，就是河流工程规划、兴建又会有一轮新高潮到来。加上快速增长多年后的国内经济增长变缓成了新常态，新的投资扩张计划将会接踵而至，水利与河流工程将再次扛起重点领域的大旗，河流被虐、健康被损也将是新常态吧。

此外，制定河流规划时，强调与引入公众参与环节当是法律与道义框架内的应有之义，如此重大、重要的原则理念，却在实践中没得到一丝的重视和实施。

3.4.4　规划评价缺位

规划是否科学，也需要规范评价，比如规划环评。规划环评是指将环境因素置于重大宏观经济决策链的前端，通过对环境资源承载能力的分析，对各类重大开发、生产力布局、资源配置等提出更为合理的战略安排，从而达到在开发建设活动源头预防环境问题的目的。2009 年 8 月国务院出台的《规划环境影响评价条例》规定"国务院有关部门、设区的市级以上地方人民政府及其有关部门，对其组织编制的土地利用的有关规划和区域、流域、海域的建设、开发利用规划（以下称综合性规划）以及工业、农业、畜牧业、林业、能源、水利、交通、城市建设、旅游、自然资源开发的有关专项规划（以下称专项规划），应当进行环境影响评价。"但总体而言，相关规定内容单薄，实践经验缺乏，结合中国实际情况研究不足，尚不能具体可行。

即便如此，在实践中，由于规划环评所注重的是长期利益、全局利益，往往与"重审批轻规划"的部门利益和"短平快、出业绩"的地方利益相冲突，致使一些地

---

①　曹海东. 长江流域管理规划落后 西南水电大跃进无法可依［N］. 南方周末，2008-04-10（4）.

区和部门对这项工作不支持，并以种种理由逃避开展规划环评的责任。①此类现象可谓"汗牛充栋"。

此外，《可再生能源法》第8条规定：国务院能源主管部门根据全国可再生能源开发利用中长期总量目标，会同国务院有关部门，编制全国可再生能源开发利用规划，报国务院批准后实施。但第2条第2款中又规定："水力发电对本法的适用，由国务院能源主管部门规定，报国务院批准。"国务院能源主管部门，即国家能源局至今也没有拿出相关"适用"规定，国务院的"减权"部署2014年又出台了，简化能源项目行政审批流程，将部分项目的审批权下放给地方，最终结果必然是在地方层面加速了河流开发。

更令人担忧的是，至今仍有不少所谓的水利专家学者认为河流规划首先应追求经济效益，起到了相当大的误导作用。比如仍有人提出"长江流域水能资源丰富，目前开发利用程度低，现有流域综合规划严重滞后的现状，长江流域是我国今后水电开发的主体，应尽快修订长江流域综合规划，编制西南诸河流域综合规划，以促进水电事业快速、健康发展。"②以此为原则进行贯彻落实，恐怕要不了多久，国内将没有多少健康的生机盎然的河流。

案例：

2006年，都江堰水利产业集团公司和一家香港公司拟共同出资在成都水源地都江堰干渠柏条河上修建12～15级梯级电站，遭到省长"智囊团"顾问和中国科学院成都山地所等单位知名专家和民众强烈反对。都江堰水利产业集团有限责任公司即为都江堰管理局的关联单位，电站计划则根据都江堰管理局2004年主持制定的《柏条河开发综合规划报告》拟定。该规划报告在程序上已于2004年完成规划编制和四川省水利厅技术审查。2007年1月，迫于社会压力，《都江堰灌区柏条河综合开发规划报告》对柏条河的开发任务做了一些修改，把"以供水发电为主"改为"兼具发电等综合利用"。但从开发规划报告具体内容来看，发电并非"兼有"，梯级电站依然是规划的核心项目。从都江堰到唐昌镇的柏条河河段长只有30千米，却要修建10级电站，也就是说每隔3千米，就要修建一级电站，每级电站装机1万千瓦，总装机10万千瓦。在柏条河上进行如此密集的水能开发，还是兼具发电功能？

所以，在2006年8月，四川省政协副主席聂秀香等7位省政协委员联袂提出提案，陈述柏条河上修建电站的五大弊端，在提案中直接呼吁"规划工

① 汪永晨. 从国外为流域立法看规划环评 [N]. 新京报，2007-11-6 (7) .
② 邱忠恩. 在流域综合规划指导下加快水电建设 [J]. 水利水电科技进展，2008，6：33-36.

作不能仅由水利部门单独完成，还需环保、林业、国土资源及有关科研等部门的共同参与，更要让广大人民群众参与到决策中来，并监督规划的实施。"①

3.5　河流政策：开发压倒生态

3.5.1　国家政策

县官不如现管，法规不如政策，是我国国情的真实写照。法规缺位，更使政策得以大张旗鼓与大行其道，直接对河流健康构成严重威胁。

水电开发为国家能源开发的基本策略，未来能源发展中也将优先考虑发展水电。国家"十五"规划中，明确提出要"大力发展水电、优化发展火电、适度发展核电"的电力结构优化调整原则。国家"十一五"规划中，对水电的用词开始有了些许的变化，指出在"在保护生态基础上有序开发水电"，开发仍是主基调。

以 2005 年发布的《国务院关于落实科学发展观加强环境保护的决定》② 为例，在"切实解决突出的环境问题"一章中，提出"以饮水安全和重点流域治理为重点，加强水污染防治"。要"把淮河、海河、辽河、松花江、三峡水库库区及上游，黄河小浪底水库库区及上游，南水北调水源地及沿线，太湖、滇池、巢湖作为流域水污染治理的重点。"明显仍停留在重视河水污染这一表面现象上，对河流健康等更高更全层次上的环境与生态问题没有起码的关注。

2008 年国家发改委正式公布的《可再生能源发展"十一五"规划》中，将怒江、大渡河、澜沧江等几大生态河流、甚至国际河流等都列入了水电基地的范畴。2013 年国家能源局发布的《能源发展"十二五"规划》中，"全面推进金沙江中下游、澜沧江中下游、雅砻江、大渡河、黄河上游、雅鲁藏布江中游水电基地建设……基本建成长江上游、南盘江红水河、乌江水电基地。'十二五'时期，开工建设常规水电 1.2 亿千瓦、抽水蓄能电站 4000 万千瓦。"受制于大气污染治理压力，热情甚至超越了各历史时期。

一方面，国家环保部门提出"让湖泊休养生息""让河流休养生息"。③ 另一方面，国家水利部门提出要"加快在建的甘肃引洮、吉林哈达山、青海引大济湟等骨干水利工程以及西南地区中型水库等重点水源工程建设步伐。抓紧开工建设江西峡江、贵州

---

① 李鹏. 成都柏条河综合开发规划遭争议 ［N］. 中国经济时报，2007-08-1 (7).
② 国发 ［2005］39 号文.
③ 张明. 采取有力措施让河流休养生息 ［N］. 中国环境报，2007-11-21 (5).

黔中引水、四川亭子口等一批大型骨干水利工程，加快珠江大藤峡、淮河出山店、黄河古贤等骨干水利工程前期工作……大力发展农村水电，到2015年完成400个水电农村电气化县建设。"明显是立场南辕北辙，做法大相径庭。长江流域，仍在提要"继续建设一批综合效益显著的控制性枢纽工程；加大以中型水库建设为重点的水资源配置工程建设力度；加快推进西南地区水电工程开发建设……"①

具体到国家具体文件与政策上，往往是在强调上项目，保发展，扩内需，即使专门制定的以保护环境为主旨的文件中，对河流健康没有清醒与足够的认识。

3.5.2 各省政策

国内的河流电建设热潮，仍是方兴未艾，多个水电资源丰富的省、市、自治区都出台了发展水电的优惠政策。这些盲目发展水电，尤其是小水电的文件，导致浙江、湖北、陕西等地出现枯河，当地居民强烈表达不满，造成社会的动荡不安。相关文件有：

四川省政府转发的《省发展改革委关于加快我省水电有序发展的建议》（川办函［2008］301号；2008年12月22日）。

广西壮族自治区人民政府办公厅《关于切实加强水能资源和小水电开发利用管理的通知》（桂政办发［2008］37号；2008年4月22日）"对政府投资的小水电开发项目实行审批制，不使用政府投资的小水电开发项目实行核准制。"

重庆市政府发布的《印发重庆市水电开发权出让管理办法的通知》（渝府发［2006］50号；2006年5月19日）。

云南省人民政府出台的《关于加快中小水电发展的决定》（云政发［2003］138号；2003年10月29日）。

湖南省人民政府转发的省计委《关于加快发展农村水电意见的通知》（湘政办发［2003］29号；2003年8月15日）。

……

湖南、云南、重庆、广西、四川等西南省份，恰好是国内河流最为密集的地方，同时也是许多大江大河的发源地，是生态敏感性区域，这些地方如此发展水电，必然会给河流健康带来很多负面影响，给下流河段带来河道大量脱减水、植被破坏、水土流失等一系列环境问题，对区域和生态环境的影响通常是多方面、多层次，甚至是长期和不可逆的。

---

① 杨希伟. 长江流域三年内将实施八大水利工程，新华网，［2009-1-13］. http：//www.ce.cn/xwzx/gnsz/gdxw/200901/13/t20090113_17945949.shtml.

第4章 他国河流健康法制化管理及借鉴

4.1 综述：保护河流健康成共识

河流健康近年来在世界范围内受到越来越多的重视，不少国家对以工程为主的治水思路进行反思，提出了"为河流让出空间""为洪水让出空间""建立河流绿色走廊"等理念，被越来越多民众接受与认可，并逐步由理念转变为实际的行动。一方面，各国在立法上不断强化河流健康与生态的内容，另一方面，政府投入了大量的资金和专门技术，致力于消除人类活动对河流系统的不利影响，各种非政府机构与广大民众也积极参与其中。

在法律体系上，趋势也很明显。比如美国《水资源管理法》强调要保护原有物种和生态环境的完整性，水库经营期限一般设定为30年者，期满后若继续经营需要更换执照。日本在制订《河川法》后，又出台了一部重要法律《水资源开发促进法》，旨在保护河流健康。德国水资源政策排第一位的任务就是保持水域、河流的生态平衡。法国《水法》第2条第1款即强调"严格保护各种水源地和湿地的生态环境"。

保护实践上，除了避免或减少人类干预，以让河道自然恢复外，不少国家还致力于重建深塘和浅滩、恢复被裁直河段、束窄过宽的河槽、拆除混凝土河道及涵洞等。如美国通过拆除大坝、恢复过去已被裁直的河段和重建岸边植物带等措施来恢复和改善河流生态系统。加拿大、澳大利亚、新西兰、德国、芬兰、日本、以色列等国家对河流系统功能均采取了相应的措施，试图逐步恢复水生生态系统，改善生态环境。仅欧洲的莱茵河流域就投资了170亿美元实施了"为河流让出空间"的行动。

此外，各国的NGO组织正发挥着越来越重要的作用，以美国河流协会为例，无论是2005年凯利、肯尼迪和杰福特参议员提出批准联邦政府帮助社区修缮和移除大坝法案，以改善公众安全和河流健康状况，或地方法庭审判员詹姆士·瑞登宣布美国垦务局在蛇河上游建造22座水坝的计划无法通过时，还是联邦政府推出2007年600万美元的"畅通河流"的款项，河流协会都及时发出声音，表示赞赏或欢迎以及每年组织超过50万志愿者都参加到了河流环境数千项清理工作中来，清理范围囊括10万英里（1英里＝1.6093千米）的河道等公益活动中，每年评出该年度国内"十大危险河流"警示国民，为河流健康的保护发挥了极重要的作用。

反对河流工程的趋势，正在世界各地持续蔓延，在此浪潮下停止的水坝建设计划已有多个例子，例如，泰国的乔安河水坝项目、澳大利亚塔斯马尼亚州的福兰克林水坝、匈牙利的瑙吉马洛斯水坝、巴西的巴巴魁拉水坝和卡拉拉沃水坝、缅甸的密松水坝等。

4.2　美国河流健康立法

4.2.1　概述

美国大坝建设历史已有100多年，现有水坝82704座，其中有8724座大坝坝高超过15或库容大于100万立方米，著名的有胡佛坝、大古力坝、邦尼维尔坝、沙斯塔坝等，其中联邦能源监管委员会管理的有1016个持证和617个获得豁免权的水电项目。近些年来，其他发电形式不断发展，水电所占的份额在逐步下降。[①]

美国已建成的大型跨流域调水工程有10多项，主要为灌溉和供水用途，兼顾防洪与发电，年调水总量达200多亿立方米，其中规模最大的加州调水工程，年调水量52亿立方米，除此之外较重要的调水工程还有：科罗拉多—大汤普森工程、煎锅—阿肯色河工程、中央河谷工程、加州调水工程、中部亚利桑那工程等。

河流工程是随着美国人口的增长而迅速普及的。人们修建水坝，起初是为了蓄水，用于在旱时灌溉庄稼。后来，新英格兰的火药厂、面粉厂和纺织厂主发现，水坝可以增大桨轮的力量，提高效率。1902年，总管西部垦务的联邦政府机构——美国垦务局成立，连同先前1802年成立的陆军工程师团和其后1933年成立的田纳西流域管理局，被称为美国河流开发，尤其是水利水电开发的"三把刀"。

数以千计的溪河被人类工程截断，上下游的人们开始抗议、起诉，甚至暴动，但通常最终以失败告终。河流工程也导致了美国历史上的多次灾难，1972年，西弗吉尼亚州布法罗克里克的一座水坝崩溃，导致123人丧生。同年，南达科他州峡谷湖大坝垮塌，238人遇难。1977年，佐治亚州的一座大坝倒塌，洪水冲进一座圣经学院，造成39人死亡。事故让美国人对河流工程的两面性有了更深入的反思和行动。

---

① 汪秀丽. 美国的建坝与拆坝［J］. 水利电力科技，2006，1：43-46.

截至目前，美国已拆除了 500 多座包括水坝在内的大中型河流工程，建坝的数量也大幅下降。在拆除的水坝中，有相当一部分是出于环境生态、保护水资源和各种鱼类的考虑。一些水坝的拆除曾引起非常激烈的争论，后来明确美国国家能源委员会有权下令拆除水坝，以保护和恢复河流生态系统，包括湿地生态、渔业资源等。

作为普通法系国家，美国早在 1787 年就制定了有关河流的法令，第一部关于污染防治方面的法律 1899 年颁布，即《河流与港口法》。截止到目前，其联邦政府已经制定了几十部环境法律，上千个环境保护条例，形成了一个庞杂的和完善的环境法体系，作为联邦制国家，各州也有自己的环环境法，并发挥着重要作用。

对河流的管理，美国大致可以分为三个阶段：第一个阶段以资源的有效利用为目标，密集开发流域水资源及其他资源；第二阶段以流域的生态保护为目标，恢复流域生态、控制和减轻流域环境污染；第三阶段在强调以上两个目标的同时，确立流域可持续发展的目标，以此实际流域的综合管理。[①]

在管理体制上，美国是世界上最早按流域进行管理并立法的国家之一，但并没有一部全国统一的流域管理法，而是根据各河流、流域的具体情况，制定了各流域的管理法，如《田纳西流域管理局法》《特拉华流域协定》《下科罗拉多河管理局法》等。

管理主体上，环境保护局、内务部（地质调查局、鱼类及野生生物局）、商务部（海洋及大气局）、农业部（自然资源及环境局、垦殖局）、司法部（环境与自然资源分部）、联邦紧急事务管理局等不同程度参与了河流与流域管理工作（表 4.1）。

表 4.1　美国参与保护河流的联邦机构

措施	实施机构
修改水库的运用方案	工程师兵团，垦务局，能源部，田纳西河流域管理局
对非联邦的发电水库的运用实施许可	联邦能源管理局
列出淡水濒危物种	鱼类及野生动物保护局，海洋渔业局（鲑鱼）
保护列为濒危物种的栖息地	内务部，鱼类及野生动物保护局，海洋渔业局（鲑鱼）
通过州法律系统获得联邦"保留"水权	国家公园，林业局，鱼类及野生动物保护局，国土管理局，印第安部落
建立联邦"非保留"水权	林业局，国土管理局
保护水质和维护河流全面健康	环境保护署，工程师兵团
对在大众土地实施的危害河流健康的活动加以控制	国家公园，林业局，鱼类及野生动物保护局，国土管理局
把河流辟为"天然公园和风景区"	美国国会，内务部（应州政府请求）

---

① 蔡守秋. 河流伦理与河流立法 [M].郑州：黄河水利出版社，2007：67.

在保护机制上，美国生态保护机制很单一，不怎么实行混合管理，如国家森林公园由林务局管，国家级自然保护区由内政部直管，直管制有利于生态保护，政策执行容易到位，推卸责任少。

此外，来自漂流、钓鱼、登山和狩猎等协会和俱乐部的声音起到非常重要的作用。因为热爱这些运动的团体和个人无法容忍激流变成死水，森林寂静无声。他们说起河流恢复，永远保持着热情，有说不完的好主意。在大多数美国人看来，河流的生态价值已大大超出对它的能源或引作他用的价值，这或许是美国河流得以保护或康复的优势。

4.2.2　相关法规和实践

美国作为老牌发达国家，法律体系稳定，与河流有关的成文法主要由水法、水资源法、水污染防治法、防洪法几部分组成。其中，除了防止河水污染的法规外，与河流生态、景观、健康相关的主要法规有：

《原生态环境保护区法》(1964 年)；

《鱼类和野生动物协作法》(1965 年)；

《北美湿地保护法》(1965 年)；

《原始河流及风景河流法》(1968 年)；

《国家环境政策法》(1969 年)；

《濒危物种法》(1973 年)；

《水质法》(1987 年)；

《水质净化法》(1987 年)；

……

围绕河流保护加强立法是近年来美国环境法的显著趋势，包括多数的联邦法和州法，最重要的是《清洁水法》第 404 条。该条规定，湿地的填埋行为须经过国防部陆军工程兵的许可，而且在许可之际，环保部制定保持环境指导方针的同时，拥有对许可的否决权。通过这种规制，河滩等湿地减少的比例明显降低，但是南部、中西部并未取得显著的效果，环保团体要求更富有效果的对策的呼声非常强烈。另一方面，土地利用受到规制的土地所有者、农民、中小企业者的不满也很强烈，主张实施适应湿地种类的阶段性的柔性规制，进行"湿地"的再定义以缩小规制地域、规制对象，强化 404 条许可中的州的作用等。另外，人造耕地规制也是一个大的争论焦点，农民要求缓和适用(《食品安全法》，1985 年) 对湿地填埋人造地的农作物停发补助金的规定，其中的一部分要求已通过 1996 年的农业改革改善法获得实现。

《自然风景河流法》则主要是对景色壮观且历史悠久的河流施加保护，比如从俄勒冈州的克拉马斯河，宾夕法尼亚州的阿利根尼河，佐治亚州和南卡罗来纳州的查图加河，一直到密歇根州奥塞伯河。俄勒冈州以 47 条受保护河流位居全国首位，而阿拉斯加州以 3210 英里的自然风景河流总长度位居全国第一。这项法案保护下的自然风景河还包括由刘易斯和克拉克发现的密苏里河、美国独立战争的发源地特拉华河和约翰·缪尔钟爱的托伦河。如今，总共有 165 条河流被列入国家自然和风景河流系统中。

《原生态环境保护区法》第 2 条即称"确保现在的美国人及其子孙后代能享受原生态自然资源的恩泽是美国的一项国策，为此，特建立国家原生环境保存体系，该体系由经国会确定的各原生生态环境保护区组成，应对这些区域的公众的利用和享用严加管理。"原生态环境保护区的范围："相对于其景色已被人和人所建的工程所支配的地区而言，其土地及生物群落尚未受人的干扰，人只作为造访者出现过而未在此居留的地区应被确认为原生环境保护区。"如此一来，"原生态级、野生态级及只能行使独木舟级等地区均为'原生环境保护区'"，许多河流以及滩涂、滨岸均被认定为"原生态环境保护区"，享受特殊的法律保护。

《濒临灭绝物种法》中，则规定严格禁止捕获被登记在濒危灭绝物种、稀有物种目录上的生物及破坏生息地。根据该法，至 2008 年 3 月已有约 1800 个物种的动植物被登记。另外依据该法要求工程暂停的忒里可水坝事件、命令禁止太平洋西北部国有林采伐的马达拉夫库漏事件特别有影响。由于规制（效果）严厉，东部及沿岸部的城市居民坚决支持该法律。

鉴于水坝所产生的负面影响和作用，美国还在《水资源管理法》中要求水坝建设不得因人为控制而降低整条河流的水质，要保护原有物种和生态环境的完整性，水库经营者每 30 年更换一次执照，重视调节性水库与径流式水库的协调问题。

长年悬而未决的印第安人的水利权益主张，也在各地陆续获得了承认。例如，1989 年最高法院作出判决，对居住在温得河流域的阿拉帕霍族和休熊族，每年应提供 617 万立方米的灌溉用水；另外，这些部族为保证在温得河的渔业操作，有权要求维持一定的河水流量。早在 1990 年，联邦议会还制定了关于印第安人水利权益的 4 条法律。

自 20 世纪 60 年代以来，美国通过颁布一系列的环境法规，对大坝的建设和运行提出了严格的环境限制，并对原许可证已到期的水电工程进行严格审查，责令其中部分水电站退役。

2000 年美国环保署颁布的"水生生物资源生态恢复指导性原则"中指出：一个完整的生态系统应该是这样的自然系统，即能适应外部的影响与变化，能自我调节和持续发展，其主要生态系进程，诸如营养物循环、迁移、水位、流态以及泥沙冲刷和沉积的动态变化等完全是在自然变化的范围内进行的。在同一区域内，其植物与动物统一的自然共性与多样性是生物学方面最好例证。

谈美国河流保护实践，还必须谈及"Tennant 法"。在经历过 20 世纪中叶曾掀起建坝的热潮后，美国民众逐渐认识到，这些大坝中的大多数，至少给水生生物带来了毁灭性的灾难，有一位叫坦内特的科学家开始尝试计算一条河流到底至少需要多少水，他系统的收集了美国诸多河流的水文和生物数据，提出了一些水流保护的指导方针，也就是所谓的"Tennant 法"。坦内特建议，若要维持"最优"的生物生存条件，河流平均流量的 60% ~ 100% 要得到保护；若要提供"较好"的生物生存条件，则需要 30% ~ 50% 的河流平均流量。

此外，通过科学家的多年研究成果，美国建立了准确的预报模型，能够准确预报未来一段时间内的降雨量，同时也能准确地预报这些降雨量将在哥伦比亚河流中形成多少流量，同时也由于美国对西北地区的水资源循环建立了准确的天气预报系统，所以可以使该地区的河流调度达到最优化的程度。

正是由于法律体系的支持，才有了早在 20 世纪 90 年代，在保加利亚"国际灌溉、排水委员会"会议上，美国大型水坝开发机关垦务局总裁丹尼尔·彼尔德所作的演说——宣告"美国开发水坝的时代已结束"。①

4.2.3　美国水电开发模式

发达国家的水电工程大都建于 20 世纪 30—80 年代。随着大坝和其他配套设施的老化，水电工程的维修和退役已引起各方面重视。

根据美国能源情报署新近发布的《2001 年可再生能源年度报告》，美国的水力发电量已经大幅度下降；水电消耗下降了 23%，水电不再是美国最主要的可再生能源，这是 10 年来首次出现这一情况。可再生能源的总消费量下降了 12%。这些事实使得联邦和州决策者以及美国的能源消费者颇感忧虑。

美国河流上的水坝为多功能水坝，在其 7500 多座水坝当中，仅有不到 3% 的水坝用于发电。美国陆军工程部队的全国水坝详细目录显示，美国水坝的主要功能包括：娱乐（35%），牲畜/农场池塘（18%），防洪（15%），供水（12%），灌溉（11%），水电（2%）和其他目的（7%）。美国能源部在 1998 年进行了一次能源评估，得出如下结论：到 2020 年之前，现有水电资源可以再开发出 21000 兆瓦的额外电力，所有这些电力均不需要建设水坝或蓄水。在这 21000 兆瓦中，可以通过扩容和提高效率，开发出 4300 多兆瓦的符合当今环境标准的"增量水电"。这可以满足大约 400 万户家庭

---

① 当时美国状况是：经济已经不依靠建筑水坝的支持；舆论环境不允许支出税款建筑水坝；产生了若干代替水坝的方案。现实中也的确如此：奥本水坝等建设中的水坝停了下来，埃尔瓦河等处拆除了水坝，为了使环境复原，格伦佳尼沃等水坝开始了大规模的放流和恢复洪水。

的电力需求，这显然是对国家能源供应的一个重大贡献。①

　　美国的大型河流开发更是一项自上而下，由法律和政府职能直接提供保障的行业。一般由总统直接委托副总统，筹集相关部门的人，也就是高层领导带领高诚信的部门，通过国会给电力立法。类似密西西比河这样的流域，涉及美国国土 2/3 的面积，没有高层强力机构的管理，很难协调各方利益。要了解美国水电的开发与管理，就必须知道三个机构：美国的工程师兵团、垦务局和田纳西流域管理局。20 世纪 30 年代，美国密西西比河流域发生的大洪水给美国带来了巨大损失，为此美国工程师兵团开始修建大规模的防洪设施，其中包括水坝，这样就拉开了大规模水电开发的序幕。美国联邦垦务局归联邦内政部管辖，是美国为开发西部水资源而专设的一个机构；另一个开发水电的著名机构就是田纳西流域管理局。正是这些政府机构的强力管理，才使得美国对水电资源能够统筹考虑，这点也正是我国缺乏的。

　　1989 年，美国曾召开了一次关于水电资源的会议，要求对国内剩余的水电资源进行一次评估。为此，能源部专门制定了一些评估标准，成立了 5 个小组，并对计算机程序需要的参数做了确定，开始大规模调查。其水电资源评估非常公开透明，会将评估软件挂在网上，将输入的各种数据和处理方法也进行公布。任何有疑问的人都可以进行演算，并将演算结果与公布的结果对比。评估软件考虑的因素有：这个水电站附近是否有野生动物或野生植物、风景保护或者是历史保护区，是否有文化、渔业、地质、历史、娱乐或构成风景的一部分，是否有濒危鱼类或野生物种等，模式已经非常细致和成熟。

　　开发模式上，因为需要雄厚的资金，所以多数流域采取了联合开发模式。比如哥伦比亚河流的水电资源极为丰富，大型水电站由两家联邦机构（国有企业）开发，在具有战略地位的 14 座水电站中，12 座为美国工程师兵团建设，2 座由美国垦务局开发。其余一些中小型水坝则由一些公用事业公司或民营公司开发。这也给我国一个启示：即使规划河流工程，国家级企业更适合大江大河上的大型水坝和骨干项目，地方企业或民营企业则负责建设"中小型项目"——即把一些战略地位不是那么重要的电站交给地方企业或民营企业进行开发。国家负责开发骨干电站，可以为地方企业或民营企业建设径流式电站创造条件，同时，由于利益相关性弱于民营企业，在建设与运营上能够更多的照顾到生态需要。

　　"21 世纪的河流开发与环境保护是什么样的关系？美国做出了很好的回答：水电开发及利用应该是顺环境而为，而不是逆环境而为，应当努力将环境对生态的影响降到最低程度。对于已建成的河流工程，可以采用生态调度及生态修复的方法，通过适

---

① 程雪源，张玮. 美国水电开发状况 [J]. 中国三峡建设，2006，6：31-33.

应性管理来调整开发与生态环境的关系，使其变得协调。[①]

需要提到的是，美国对建河流工程还是拆除河流工程的态度，在世界具有巨大示范效应，有段时间美国关于大规模拆坝的说法很盛行，应该来说这也并不太客观。

在 20 世纪前期，河流工程一直被视为科学进步、调控自然的象征。美国共修建了大大小小 8 万多座坝，运营年限超过 50 年的大坝，在 2000 年达 25% 以上，2010 年达 41% 以上，2020 年达 70%。但在生态、移民、文物等方面引发的负面影响，逐渐引起世人关注。1984 年英国两名生态学家出版了《大型水坝的社会与环境影响》，第一次收集了反坝的主要观点，标志着世界反水坝运动的开始。此后，国际河网等一系列反坝组织纷纷成立。到 20 世纪 90 年代，河流保护行动进一步发展为以大型河流为流域尺度的整体生态恢复，案例如美国的上密西西比河、伊利诺伊河等。

建坝是一个需要反复研究、论证的过程，拆坝亦如此。水坝会改变原有生态系统，如果拆除规划不周会引起系列严重后果，因此拆坝也需要一套严格的机制来制定拆除方案。在美国拆除一座水坝同样需要一系列有关的许可证，包括联邦许可证、州政府许可证、市政许可证等。

拆坝运动组织编写的《拆坝的成功故事》也明确写道："有一点非常清楚，对所有的坝包括美国 75000 座水坝中的绝大多数来说，拆坝并不都是适合的。"但总的趋势是，随着新能源增长，中小型水坝总量会逐步减少。

以下两个案例可说明美国在对待河流工程的态度：客观而严谨。

案例：

小鱼战胜大坝

因为一种小鱼，美国拆除了一座快要竣工的大坝。

1967 年，美国联邦议会批准在小田纳西河上修建一座用于发电的水库，美国联邦机构田纳西流域管理局开始在小田纳西河上修建泰利库大坝（the Tellico Dam），以应对能源危机和地区经济萧条状况，工程先后投入了 1 亿多美元。当大坝工程即将完工的时候，生物学家发现大坝底有一种濒临灭绝的鱼——即著名的蜗牛鱼（snail darter）——会深受影响，如果大坝最终建成的话，将影响蜗牛鱼生活的环境而导致这种鱼的灭绝。

于是田纳西州的一个地方环保团体向法院提出了诉讼，要求大坝停工并放弃在此修建水库的计划，但在第一次诉讼中，他们失败了：初审法院联邦地方法院虽然认为大坝的修建将会对蜗牛鱼的栖息地造成不利影响和破坏，

① 国冬梅. 水电开发应顺环境而为 [N]. 中国环境报，2010-2-14（6）.

但大坝已经接近完工，以牺牲纳税人1亿多美元的利益为代价来保护一个微不足道的鱼种是很不明智的，拒绝下达大坝停工禁令。

环保组织又上诉到联邦最高法院。并申请法庭在诉讼期间发出裁定，暂停大坝的修建，以免造成不可逆转的结果。美国联邦最高法院首席大法官温·伯格（Warren Burger）代表法院出具了法庭意见书，支持原告诉讼请求，认为田纳西流域管理局违反了《美国濒危物种法》之规定。最后法院得出结论认为，除了颁发修建大坝的禁止令外，别无选择。虽然修建大坝已经耗去巨额资金，所剩工程已经不多，但是法院裁定，这些因素都是无关紧要的。美国国会在通过法令时，把拯救濒临灭绝物种看得比其他政策更为重要，并且判定拯救濒临物种高于一切。对于牺牲泰利库大坝所产生的损失与牺牲蜗牛鱼所造成的损失如何进行利益衡量，法院认为："《美国濒危物种法》和宪法第三条都没有规定联邦法院有权做出如此功利的计算。相反，《美国濒危物种法》明确清晰的语言及其立法史的支持都明确地表明国会视濒危物种之价值是'无法计算的'。显而易见，对一笔超过1亿美元的大数目所造成的损失与国会所宣称的'无法计算的价值'进行衡量，对于法院来讲是勉为其难，即使假定法院有权从事这样的衡量，我们也断然拒绝。"

法院发布了禁止令（injunction），禁止修建大坝。终于，这些小鱼儿在最高法院赢得了它们的权利，可以在它们的家园自由栖息，而它们身边是那被永久废弃的价值1亿多美元的大坝。

之后，一家新闻传媒对这个问题进行公众调查，90%以上的人认为停止大坝建设是对的。他们的理由很简单，发电站可以建在别处，而蜗牛鱼一旦灭绝就永远无法再生。

美国河流协会作为环保组织，也做出了不少有益的尝试。2006年，美国河流协会称赞了由俄勒冈州议员阿尔·布鲁门纳尔和格里格·沃尔登提出的胡德山河流和森林保护法案，这个法案将对保护这个山的清洁水源、鱼类和野生动物以及巩固其世界级的旅游胜地的地位起到非常重要的作用。

这项法案将对下列河流的分支提供特别保护：南弗科克拉克玛斯河（4.1英里），米德弗科赫德河（3.7英里），南弗科罗瑞河（4.6英里），日格泽格河（2.9英里）和伊格河（8.3英里）。

美国河流协会敦促国会对流经胡德山国家森林公园的11条河流和15英里河提供保护。胡德山国家森林公园已经被美国林业局中心正式确定适合进行野生和景区保护，而15英里河是哥伦比亚河流域野生冬季虹鳟鱼类生活的家园。

一条河流如果被认定为野生和景区河流，就意味着它是美国最珍贵的河流，而且它的生态系统将得到保护。"一条河流必须具备以下的条件才有资格成为野生和景区河流：自由流动，在风景、休闲、地质、历史、文化和其他相类似的价值中至少具有一种，拥有鱼类和野生动物。俄勒冈州已经确定了流经该州的49条河流为野生和景区河流，其数目位于美国第一。"①

赫奇赫奇争论

20世纪初，美国人就是否在加利福尼亚州旧金山市附近的赫奇赫奇山谷修建水库一事展开了激烈争论，即著名的赫奇赫奇争论（Hetchy Hetchy Controversy）。争论主要在资源保护主义（Conservation）和自然保护主义（Preservation）两种力量之间进行。前者以吉福德·平肖（Gifford Pinchot）等官方人士和专家为主，主张为了使用而保护，强调"科学使用"以减缓有限自然资源的枯竭；后者则以约翰·缪尔（John Muir）等民间有识之士和自然爱好者为主，提倡对自然的保护应尽量保持其原貌，强调自然具有独立于人类而存在的审美价值和道德意义。这次争论是两种保护思想的首度交锋，争论持续时间长，涉及面广，在美国自然保护运动史上有着重要地位。

资源保护主义者以官方人士和专家为主，他们支持大坝的建立，主张为了使用而保护，认为建坝可以为数百万人供水，符合最有效地利用自然资源的原则。其反对派自然保护主义以缪尔等民间人士和自然爱好者为主，提倡对自然的保护应尽量保持其原貌，强调自然具有独立于人类而存在的价值。

这一争论从地方迅速发展至全国，1908—1913年，美国参众两院就赫奇赫奇山谷修建水库的问题举行了多次听证会。争论的焦点在于人类究竟应该为了自己的利益还是自然界的自身价值而保护环境。最终国会于1914年批准了水库的修建计划，资源保护主义者获胜。

直到今天，赫奇赫奇山谷里的水利设施还在为旧金山市及整个旧金山湾地区贡献着经济和社会效益，向当地240万居民源源不断地提供优良水源，和低成本的水能发电。但是希望重现山谷自然风貌的声音也并没有消失。2008年8～11月，当地媒体《萨克门托蜜蜂报》连续发表10篇社论，对于在赫奇赫奇山谷修建水库的报道，为该报赢得了2009年普利策新闻奖。

4.2.4 他山之玉：美国河流协会

1973年在丹佛成立，是非营利组织，也是为健康河流"代言"的全国性组织。协

---

① 汪永晨. 从国外为流域立法看规划环评［N］.新京报，2007–11–06（5）.

会认为只有健康的河流，才能保障社区的茁壮兴盛。致力于保护和恢复天然河流能保持其健康和生命的多样性。通过全国性宣传，凭借创新型解决方案和组织不断扩大战略合作伙伴关系网络，协会保护河流并宣扬河流是保证健康、安全生活质量的至关重要的财富。目前已拥有超过 7 万的成员和支持者，其总部设在华盛顿特区，并在加利福尼亚州、康涅狄格州、纽约州、俄亥俄州、宾夕法尼亚州和马萨诸塞州分设了六个区域办事处。协会所撰写的"美国最濒危河流"报告在国内众所周知，每年的报告都突出了河流所面临的威胁，并鼓励对所选定的河流提出解决方案和采取行动。

目前，协会主要启动了健康水体、生命之水、河流修复和河流遗产四项活动。

健康水体活动涵盖两方面内容：第一，主张知情权立法。雨后溢出的下水道污物和被污染的水在我们的街道、车道和其他路面横流，这对人体、鱼类和野生生物的健康造成危害。河流协会和社会领袖、公共卫生官员和当地合作伙伴一起，致力于宣传州和联邦的社区知情权立法，在污物排入河流时向公民发出警告；第二，对开发商、合作伙伴和当地政府部门进行自然雨水管理技术方面的培训和教育。包括透水性道路铺设技术、雨水花园等，有助于恢复天然水循环和减少流入河流的污染物。值得一提的是，协会设立了科学和技术顾问委员会（STAC），目前委员会共 14 名成员，均来自美国的大学教授或研究机构研究人员，为协会提供专业科学技术建议和培训奠定了坚实基础。

生命之水：提倡更加巧妙地使用、节约水资源。"生命之水"活动主要围绕两个主题：探索为社区提供可靠供水的新途径和与美国环境保护署一同促进 WaterSense 项目。在全球变暖的影响下，人口增长、城市扩张和密集农业用途要求对河流友好的创新思维型解决方案。协会正在探寻新路径，为社区提供可靠的水资源供给的同时，使河流能起到保护公共健康，提供娱乐、居民栖息地和经济发展的作用。此外，协会正在和美国环境保护署一同致力于促进 WaterSense 项目，该项目将针对管道设备、家用电器和景观灌溉系统设立国家水资源效率标准。

河流修复：让河流起死回生。建坝、堤防和其他人类建筑破坏了河流的自然流动，使许多河流的生命就此流失或者从河流群中孤立了出来。协会通过为社区提供技术和资金援助，致力于推进河流管理的新途径，恢复自然河道的功能、漫滩和湿地。此外，致力于推进新政策，以向社区表明意愿：当用工程来"保护"社区免受洪水灾害时，人与自然是展开合作而不是彼此背离。

河流遗产：保护、欣赏和赞美河流。保护最荒野地带的河流和捍卫附近的河流以点燃公众对祖国富饶河流遗产的热爱，努力加强对国家剩余自由流动河流的保护。2008 年，在庆祝《国家自然与风景河流法案》生效 40 周年之际，协会推动在法案自然与风景河流清单中增列 40 条新河流。此外，协会建立"蓝色追踪"———一种联络人们和当地河流的绝佳方式，同时，通过推进旅游业，增进公民自豪感和保护工作。

最近，河流协会成功地推进俄勒冈州沙地河上历经 100 年的对土拨鼠大坝的拆除，恢复了河流健康、拯救了河流中的鲑鱼和鳟鱼，为当地社区开展娱乐活动提供机会。近几年协会结合气候变化，进一步完善了战略需求，以此迎黄金时期的到来。如协会会长 Rebecca Wodder 所说，"随着气候变化，水灾和旱灾更猛烈，保护、恢复河流比以往任何时候都更加的重要。"Wodder 对协会未来的设想是，维护河流健康并保护河流。她认为，健康的河流可以为人类社会和自然世界抵御干扰和破坏提供恢复力，从而使人类和自然在面对气候危机时仍然繁荣兴盛。

4.3　加拿大

4.3.1　概述

和美国一样，加拿大也是联邦制国家，由十个省两个区组成，其环境法在世界上享有盛誉。但 20 世纪 70 年代之前，环境法在加拿大还不是独立的法律部门，只有少数的判例法，这也导致了五大湖之一的伊利尔湖曾因市区排污造成湖水富营养而成为臭水湖。随即联邦政府采取了一系有力的措施，陆续制定了大量的环境条文，通过加强相关法律政策的建设等措施，使环境得到大大改善，已连续多年被联合国评为最适合人类居住的国家。70 年代后，联邦陆续制定了大量的环境保护成文法。主要有《加拿大水法》(1970 年)、《加拿大渔业法》(1970 年) 等。此外，《加拿大刑法典》(1970 年)、《加拿大劳动法典》(1970 年)，有关行政法规中也有不少关于环境保护的规定。各省根据宪法的规定，对其管辖范围内的共有资源也相继制定了各类保护法规。1982 年加拿大新《宪法》，专门对自然资源、森林资源及河流开发做了概括性规定。1988 年 6 月则颁布了《加拿大环境保护法》，结束了加拿大无全国性环境保护综合性基本法的状况。

加拿大河流资源管理经历了开发、加强管理、可持续管理三个阶段：

4.3.1.1　大力开发阶段

1970 年之前注意力主要集中在开发河流资源上，强调加速水开发以促进经济增长，国家以及各省都修建了许多水利工程，1963 年的联邦政府甚至鼓励在国内还不需要大型水电站的情况下提前修建大型水电站，设想是可能会在美国找到这些大水电站发电量的销路。一时间，河流的过度开发产生了许多问题：上游各省的大量用水逐渐影响到了下游各省的开发；各流域内水质明显下降，用水量开始发生冲突等。

4.3.1.2　开始强调河流管理阶段

1970 年开始，联邦政府将河流视为一种消费性资源，强调水量分配、综合规划、工程替代。联邦政府与大草原三省达成用水协议，确定了各省最大用水限额；1970 年通过的《水法》，使得联邦和省之间可签订综合规划协议；之后，就水管理技术的改进、各省独立管理能力建设、综合的洪水管理达成了许多协议。这样，联邦政府除负责少数跨界流域及北部直辖流域的活动外，将大量的管理权利下放给了地方政府，联邦政府只是提供政策及财政支持。这一时期，加拿大国民的环境意识、环境态度发生了深刻变化，大量与污染和环境评价有关的立法开始出现，政府间协议也开始重视环境问题，同时，出现了一些致力于研究、开发水和环境污染控制技术的多学科研究所。

4.3.1.3　可持续管理阶段

1987 年至今属可持续管理阶段。随着水资源开发管理的权利下放以及环境领域问题的日渐突出，联邦政府以一次大规模的水政策公共评价为基础，1987 年颁布《联邦淡水战略》，旨在通过省市之间的合作，从环境、经济、社会等各方面对淡水进行综合管理。该战略强调根据生态系统内部关系来平衡用水以及公众节水意识的普遍提高，其内容包括五大行动战略：

（1）制定更为实际的水价，使用户意识到水资源的价值；

（2）在数据收集、利用方面加大力度，将数据收集作为良好管理的基础；

（3）统一规划，保证水资源及相关生态系统的持续生产力；

（4）提高公众对水资源和河流的认识；

（5）预见性和预防性立法。

此时期河流管理理念不但强调水的消费价值，也强调水的非消费价值，着眼于建立可持续发展水系统，联邦省及地方的水管理机构进行了大规模的改革：联邦环境部、渔业部、农业部、海洋部等部门在机构重组中加强了与水管理有关的机构设置，以强化水资源的综合管理；省级政府的改革力度最大，成立专门的水管理机构，将原来分散的水资源与水环境的行政管理权利与任务都集中于该机构，以保证各项水管理政策的良好实施。

从 20 世纪末开始，加拿大水资源管理政策又进行了新的调整：更加重视地下水资源的管理；在水管理中给予地方更多的权限，提高各方的参与程度；制定"需求战略"，通过"用户支付"的筹资方式促进地区发展；更加注重保护水资源；制定全国性水输出战略。

4.3.2　相关法规分析

加拿大河流法保护体系主要由《环境保护法》、联邦《水法》《渔业法》《环境评价法》和各省《水法》等组成，具体为：

《鱼类保护法》（1968 年）；

《加拿大水法》（1970 年）；

《加拿大渔业法》（1970 年）；

《加拿大通航水体保护法》(1970 年);

《国际边界水体条约法》(1970 年);

《航运水保护法》(1985 年);

《鱼道管理法》(1986 年);

《加拿大环境保护法》(1988 年);

《加拿大环境评价法》(1992 年);

……

尤其值得一提的，是 1988 年在取代《环境污染物法》《清洁大气法》《水法》《海洋倾废法》和《环境法》五部单行环境法规基础上，加拿大颁布《加拿大环境保护法》，结束了长期无全国性环境保护基本法的状况，使环境法形成了较完整的体系。并做出规定：在做出社会、经济决定时，考虑环境保护必要性；采用符合生态系统特点的保护方法；尊重土著居民的传统知识等。

《加拿大环境评价法》则规定，哪些项目与提案需要环境影响评价程序，均有明确的法规可查，例如加拿大所有新建水力发电工程的提议都要就环境问题进行全面评估，超过 25 个联邦和省的环境保护法规涉及各种水力发电项目，具体到了从结构设计到实施的各个方面，以使得水力发电项目对环境的影响减少到最低程度。并给予了公众许多参与项目评价的机会与途径，信息公开方式、公众听证会等均做了明确规定。

加拿大政府将一种一体化的综合管理模式——生态系统方法作为实现水资源可持续管理的基本方法。该方法强调水资源系统的组成要素与人、经济、社会、环境的关系，要求在水资源管理的过程中关注生态系统而非独立的水资源。在实践中，联邦水管理机构将该方法作为区域水资源与水环境的主要管理方法，而该方法在水管理领域的普遍应用也使得水管理决策信息更加科学化、社会化。

此外，根据加拿大水电协会和水坝协会的规定，水力发电项目要遵守特别严格的环境保护条例，这些法规要确保土地、自然生物栖息地、水、空气等不受破坏，对可能带来的局部或全局影响与环境和社会收益进行权衡比较。

总之，加拿大水坝和河流开发者们已经创建了一系列方法、指导方针和程序，使社会、环境、科技和经济成为一个高效的整体。当一个河流工程刚刚计划兴建的时候，这个整体就开始发挥作用了。

4.4 日本

4.4.1 概述

100 多年前明治维新开始后，日本明治政府就模仿欧洲先进国家的法律制度，其中就包括制定和颁布《河川法》，后来也做过多次修订，最近的一次在 1997 年。其相当于统一各项分部门法规的河流保护大纲。从此，日本开始了依法开发利用水资源的历史。仅第二次世界大战后日本就建筑了 1000 余座现代水坝。并且，现在还有数百座水坝等河流工程在规划中。如今，未经人力改造的河流在日本一条也没有了，该数据披露后，引起了日本举国震惊。

《河川法》规定，一级河流的管理权限在中央政府，由建设大臣负责。在建设大臣指定的区段（指定区段）内，可按照政令规定，交给所在的都、道、府、县知事办理。一级河流的支流为二级河流，其管理者为管辖该河流区段的都道府县知事。日本的二级行政区划分为都道府县，相当于我国省级行政区。二级行政区以下再分为市、町、村三级，相当于我国的市（县）、乡、村三级。

日本将水资源开发形式分为四种："治水"，就是防治水灾；"利水"，利用江河水资源，其中包括灌溉、城市工业用水和水力发电、航运等；"保水"，即保护水质，防治污染，通过森林保护和流域管理减少洪水流量，增加枯水流量；"亲水"，人们利用水造就自然环境、风景的活动。

《河川法》修订后的立法的基本思路：一是在强调流域水资源统一管理。规定全国水资源由一个部门主管，协调多个分管部门；主管部门负责规划，分管部门负责具体的开发建设项目；二是强调了防洪与水资源利用的协调。至今仍是日本水资源保护和整治的水法体系标准。

21 世纪初期，日本在河流管理方面的进步重要的还不是表现在技术上的进步，而是在观念上的进步，概括起来就是"人水协调""尊重自然"等观念在河流管理中的充分渗透和体现。"人水协调"表现在尊重河流的自然属性，通过河流整治使其为人类造福，同时调整人类的生产生活方式，尽量减少对水循环的干扰；"尊重自然"除了尊重河流的自然属性之外，重点体现在对于人类以外其他生命的重新尊重。

4.4.2 相关法规分析

日本法律体系中与河流健康保护相关的法规主要有：

《河川法》（1896 年）；

《水产资源保护法》（1951 年）；

《自然公园法》（1957 年）；

《关于公用水域水质保护法》（1958 年）；

《水资源开发促进法》（1961 年）；

《自然环境保全法》（1972 年）；

《环境保护法》（1993 年）；

《环境影响评价法》（1997 年）；

《水资源开发公团法》；

……，

此外，还有包括河流工程问题的"治水事业 5 年计划"中的《治山治水紧急措施法》，关于多用途水坝"基本计划"下的《特定多用途水坝法》，包括建设、管理和运营问题的《水利开发公司法》《电源开发促进法》《水源地域对策特别措施法》《发电设施周边地域整备法》等。

《河川法》强调了河流治理基本方针的确立，规定各河川管理单位必须就其分管的河流，制定有关该河流的规划、防洪标准（水位、流量）以及其他治理工程和维持河流动能所需的基本方针。在制定河流治理基本方针时，要充分考虑受灾发生的情况、水资源利用的状况以及河流环境的现状，且谋求与国土综合开发规划取得协调，并依据政令规定，拟定有利于河流综合管理的方略。

《河川法实施令》将《河川法》规定的内容加以细化，对绝大多数条款做了具体解释与规定，使得执法中有一个统一的标准可以遵循。

和《河川法》配套的还有《水资源开发公团法》，要求成立专门从事指定水系的水资源开发活动，以独立法人资格进行工程建设与运行管理。

在河流工程管制体制上，日本学者前些年也不断提出质疑，认为何时何地建筑何种水坝的项目计划，是建设省基于治山治水紧急措置法提出，经河流审议会审议决定。而代表国民的国会对水坝等河流工程计划完全不能参与，最后的预算审议虽然与国会有关，但因为不能接触计划，也完全流于形式。这可以说正是官僚独裁的中央集权体制……建设省就是上帝。所谓上帝，是说它能够无限地控制建筑水坝的时间和经费。所谓权利，不仅是用于弹压，甚至是将反对运动置于死地。一度引起全国性的大争论。

近两年，日本还对《河流用地使用许可准则》进行修改，提出"河流空间是人们身边的教育场所、夏令营等短期生活场所、进行水质和生物调查的活动场所，为适合这类活动，河流堤防应修建缓坡，在迎水侧坡面设立人行道"；"加强河流空间的城市休闲、娱乐功能，建设城市河道公园"；"城市建设与河道周边建设一体化"等新的原则，并大力加强监管。

在河流管理体制上，2001 年政府机构改革以后保留流域管理机构 5 个：国土交通省负责水资源管理、城市下水道及污水处理厂建设；环境省负责水土环境保护；农林水产省负责农业的灌溉与排水；经济产业省负责工业用水；厚生劳动省负责居民生活用水。国家级的大河由国土交通省直接负责管理，小河则由各地的都、道、府、县及其下辖的市、町、村来管理。

对河川管理费用则制定了分担原则，除《河川法》和其他法律有特别规定外，一级河川的管理费原则上由国家负担，二级河川管理费原则上由该河所在的都、道、府、县负担。迫于各方面压力，日本建设省 1995 年 6 月专门成立"水坝审议委员会"，对当时规划中的全国 11 座水坝进行了"中止、变更、继续"的重新核查。

《水资源开发促进法》规定以流域为基础制定水资源基本规划，并以此协调各方面利益。该法规定，凡是在农业发展和城市人口增加迅速、需要制定紧急用水对策的区域，作为该区域主要供水水源的河流水系都需要制定基本规划，对忽视河流生态要素的我国河流规划来说也是一个启示。

4.4.3　主要措施和手段

日本环保法律规定，只有在河流中的水超过河流正常流量时才可取水。正常流量的确定，通过航运、渔业、景观、流水的保洁、盐害的防治、河口阻塞的防治、河川管理设施的保护、地下水位的维持、动植物的保护等各方面指标来定。

为了使环境负荷不超过正常流量，保证自然循环过程中的净化能力，保护水域生态系统，保证水环境的安全，日本政府主要采取了以下措施：

（1）制定了一系列环境标准，有关河流环境的有 BOD、COD 等环境标准。并对湖泊制定了总氮和总磷的环境标准。"一律标准"（国家规定的排水标准），在污染源较集中的水域，有些地方还制定了比"一律标准"更严格的标准（追加标准）。

（2）对某些特殊区域实施排水排污总量控制，对于因人口和产业集中的区域以及大范围向封闭性水域（湖泊、内湾、内海）排放大量生活污水或产业污水的地区，引入排水总量控制制度。建立了无过失赔偿责任制度，事业单位因在生产活动中排放有害物质造成了危害健康的灾害时，应负赔偿责任。

（3）加快下水道等基础设施的建设。2000 年底下水道的普及率就已达到 70% 以上。在完成下水道建设计划的同时，还实施了市区的污水净化示范项目，大大减轻了河流污染。

（4）重视对地下水资源的保护。根据"环境基本计划"，日本政府根据有关生物多样性条约制定了"生物多样性国家战略"，指明了包括生物资源可持续利用应有状态的自然保护行政的道路。至今仍在大力"推进多自然型河流建设"，建设省河川局关于"推进多自然型河流建设"的法规中规定：尊重自然所具有的多样性；保障和创造出满足自然条件的良好的水循环；水和绿形成网络，避免生态体系的互相孤立存在。

新世纪伊始，日本提出了面向 21 世纪的河流策略，"确保一般河流的水量；恢复洁净水流，保护水质；确保生物多样性及其生存与繁衍环境；确保水生物的生存与繁衍空间的连续性；形成具有多种形状的河道；形成良好的河流景观与滨水环境；将城镇改造成为与滨水环境成为一体的居住区"等。

4.5 其他国家、地区河流保护实践

4.5.1 南非

南非并非严格意义上的发达国家，但在推翻种族隔离制度以后，南非曼德拉总统建立新的民主政权，通过民主手段，重新制定了宪法、法律和政策，对一个当代国家来说，这种机会显然非常难得。

修改水法是这个改革中的重要组成部分，甚至引起了世界范围内的关注：1998年新《水法》通过，被称为是世界水法进程中的里程碑，把大众信托、提高公众对生态系统的价值、保护河流健康等工作整合起来，使人与河流的关系发生了彻底改变（表4.2）。

表 4.2 南非《水法》中河水的分配 ①

用途	目的	终极目标	分水方式
人的基本需要	维持人的基本需要（如吃喝、洗涤）	满足人的生存需要	必须满足，不需商议
生态用水	1. 维持生态系统某一状态（如生存性捕鱼、休闲） 2. 维持生命系统的某种状态（与特定范围的产品和价值功能相连） 3. 使用产品、价值功能来支持一些效益	社会经济发展与人类幸福	通过利益相关者对话、折中、协商达到一致
许可用水	1. 生态系统之外的、依靠水与河流的活动（如灌溉） 2. 支持能产生效益的活动	社会经济发展与人类幸福	通过利益相关者对话、折中、协商达到一致

其中，"大众信托"是南非新水法的基础。基本含义是政府拥有一些本属于全体人民的权利，它有义务为了人民的共同利益来保护这部分权利。新《水法》的制定者们称："为了南非新水法能够体现我们民主和宪法的价值，把水和河流作为公众福祉的观念融入'大众信托'原则中，是南非所独有的，并且是适合南非国情的东西。"

新《水法》建立的"保留水量"的概念，包括两部分：

（1）用于南非人最基本的用水需求，如饮食、洗涤等，这部分是必需的毫无商量余地的；

（2）为了维护河流生态多样性、保障生态系统使其能为人类提供价值功能。由这

---

① 武会先.河流生命——为人类和自然管理水［M］.郑州：黄河水利出版社，2005：109.

两部分组成的"保留水量"优先于其他用水，是人类和生物的权利，必须得以保护。新《水法》强调："必须保障生态用水的质、量以及用水的可靠性，对水资源的利用不得损害人们赖以生存的水体以及与水体相关的生态系统的可持续发展。"而"保留水量"份额之外水的用途，如灌溉、工业用水等处于较次地位，须经有关当局审批。

新《水法》通过 1 年后，政府又发布了指导纲要，详细地说明了如何确定"保留水量"。许多南非科学家都忙于确定各大流域的各种用水量，包括生态用水量。

世界保护组织（IUCN）作为世界最大的自然保护组织，在其"水和自然的远期目标"中，将"保留水量"也列入其基本指导纲领中，可见南非"保留水量"影响力之巨。

4.5.2　澳大利亚

澳大利亚位于干旱的澳洲大陆，20 世纪该国曾大兴水利，以保证灌溉、工业和城市扩张的用水，导致该国的人均库容达到全世界最高，一千多万人口却拥有近 500 座大型水库，即平均 39500 人就拥有一座大型水库[①]，这也使得淡水水质日益恶化，河流生态系统不断退化。

根据澳大利亚《宪法》，联邦政府在水利方面权力有限，主要的权力在地方各省和土著领地。鉴于淡水资源的日益匮乏，河流生态系统的不断退化，联邦政府决定和各省政府重新确定用水和水管理原则和政策。1994 年，各省省长签字成立了"澳大利亚诸省水务改革框架意见委员会"（COAG），表示水务工作必须转向可持续利用和加大力度保护上来。

改革中的重要一条，是呼吁各省把自然环境也作为水资源的合法用户，尤其是，必须为淡水系统分配水量。澳大利亚和相邻的新西兰的农业和自然资源管理委员会以及两国环境保护委员会制订了一套《国家为生态系统提供水量的原则》。2001 年又进行了修订。《原则》一共有 20 条，目标是"维持（必要时恢复）淡水生态系统的生态过程、生物栖息地和生物多样性"，这 20 条中有一条表述得很清楚，即必须和生态环境提供用水是法律的规定。还有一条是，如果分配给环境的水量不足以阻止生态损坏的发生，就应该制定从河流引水量的极限（即封顶）。

最近几年，该国 8 省已通过新水法来贯彻这些意见，现在这些省正在为河流确定环境需水量，并为河流引水设置了高限（封顶）。例如，在西澳大利亚省，其河流委员会制定了水量分配政策，要求优先保障环境用水：首先，水资源中要专备一份水量来维持生态健康，然后，剩余的部分要经许可才可用于其他用途。

---

① 美国是平均 43200 人拥有一座水库，印度则是平均 250000 人拥有一座水库。

再如昆士兰省 2000 年通过了新的水法，科学家小组使用"基准量测法"来制定环境需水量，环境流量有利于确定维持生态健康的需水量，已被纳入该省用水分配和管理工作中。

和这些省水务改革同时进行的是另一项河流政策试验，即在墨累—达令河流域①开展的试验。20 世纪 90 年代，流域生态环境的恶化使河流的部长委员会对流域用水进行审查，发现用水量不断增加，1995 年，部长委员会决定对流域的引水实施临时"封顶控制"，1997 年后决定长期实施"封顶"控制。河流引水被设置了高限（封顶），显然对保护河流健康非常有效。

有专家总结说：尽管墨累—达令河流域实施的限制引水、为维持生态健康提供水流的试验还不够成熟，但是这项工作为我们提供了一个重要的试验案例。②

4.5.3　韩国

韩国环保领域的最主要综合性法规是 1991 年制定的《自然环境保护法》。此法制定目的是为了保护自然环境不受人为的毁损，保护多样性的自然生态系统，维护国民享受到优美环境和健康，条文中其规定了各种保护制度。

需要谈到的是韩国重新挖出清溪川的壮举。1394 年首尔还没有被指定韩国为首都之前，清溪川属于一条纯粹的自然河川，位于城市中心，周边商店和民宅密集，夏季常常有水灾。到了 1945 年左右，清溪川的河床被污泥和垃圾所覆盖，沿着河边胡乱支起的肮脏的木棚以及所排放的污水严重污染了河川，于是在 20 世纪 60—70 年代，清溪川被填，原河道上面修成整洁的柏油马路，每天都有数十万台车辆穿梭。2002 年首尔新市长李明博上任后，提出了拆除高架桥复原清溪川的计划。经过 3 年的建设，2004 年 10 月，清溪川原河道被重新挖出，并被注水，清溪川奇迹般的活了过来，并成为首尔市的新景点，并给环境、市民带来诸多益处。使得韩国民众保护环境、爱护河流的热情空前高涨。

可留意、关注的几点：

（1）结合地形特点、河流流经当地的城市人文氛围（景观、历史、文化等），设定恢复主题方向，分区域恢复建设，真正做到河流（自然）与城市和人融为一体。

---

① 墨累河是澳大利亚主要河流，也是澳大利亚一条唯一发育完整的水系。墨累河由数十条大小支流组成，如达令河、拉克伦河、马兰比吉河等；其中最大的是达令河，再次是马兰比吉河。从达令河源头算起，总长 3750 千米，流域面积 105.7 万平方千米。墨累河谷是极重要的经济区，横跨小麦带和牧羊带，饲养牛、羊，生产粮食和酒。1915 年成立了由三州和联邦政府代表组成的墨累河委员会，组织合理利用和开发该河，在墨累河以及其他支流上建立了许多水库。

② 武会先. 河流生命—为人类和自然管理水 ［M］. 郑州：黄河水利出版社，2005：152.

（2）保护与恢复河流周边的生态环境（例如砂石地、现有的植物群落），营造动物栖息的空间环境。

（3）与河流相关的人工建筑物全方位绿化，例如桥梁、桥墩、堤坝坡面等。

（4）生态河堤。在考虑一定强度、安全性和耐久性的同时，把河堤由原先的混凝土改为水体、土体和生物相互涵养，适合生物生长的河堤。

4.5.4 欧盟

在欧洲，许多老牌发达国家已制定严格的法律确保对水资源的使用不影响鱼类、流域耕地、野生动物栖息地、生物多样性的连续。对水坝的建设，更有近乎苛刻的审核规定。事实上，近十年来，不少国家已经拒绝了几乎所有的河流工程，当然这也和他们的水资源基本开发殆尽有关。对个别 10 米以下的小水坝也是百般审查——不能干预水资源系统，不影响河流水质和水的生态状况，不能对交叉水域、海洋、地表水和地下水产生负面影响等，也是对维持河流健康生命的高标准要求。

资本主义的楷模德国，目前水电开发程度已接近 70%，是世界上水电开发程度较高的国家，但水电在电力供给的比例却较低，只占 4% 左右，德国的生态和环保意识严格限制水电开发，许多主要河流规定环保和航运有优先开发权，而水电则没有，无论哪一项大的水电开发项目，只有当采用的新技术使环境专家和投资者的意见达成一致时，项目才能启动。而且从 20 世纪 70 年代中期起，德国在全国范围内开始拆除了被砼渠道化了的河道，将河流恢复到接近自然的状况。原来的垃圾处理场和采石场等，通过对自然生态的恢复，使这些原来令人烦恼的设施变成了自然恢复用地。就这样，一时间，"重新自然化"风靡了全德国。法国则因水坝建设造成 5 条主要河流中鲑鱼绝迹，也立法禁建水坝，并开始拆坝。瑞典能源政策规定，不能在国内四大河流上修建水电站。

值得特书一笔的是，欧洲的河流生态修复建设从小型河流起步，发展到以单个物种恢复为标志的大型河流生态修复，典型成功案例为 1987 年启动的莱茵河《鲑鱼-2000 计划》。

莱茵河发源于瑞士山区，由融雪和冰川汇流，流经奥地利、德国、法国和卢森堡几个发达工业国家，进入荷兰的三角洲地区后分为几个支流汇入北海。在 19 世纪 40 年代，莱茵河作为航运通道被不断渠道化，因为是化工和一般工业的主要运输走廊，莱茵河污染严重，被称为"欧洲的下水道"。20 世纪 50 年代，流经各国并成立了莱茵河保护国际委员会（International Commission for the Protection of the Rhine against Pollution，ICPR），旨在防止化学污染以及其他水污染。1986 年瑞士一家化工厂火灾事故发生后，各成员国合作范围不再仅限于水质方面，而拓宽到恢复莱茵河生态系统，使之"成为一个完整生态系统的动脉"，标志是因污染大量死亡的鲑鱼在 2000 年重返莱茵河。为了实现这一目标，除了降低污水排放、改善水质之外，ICPR 还在莱茵河及其支流的许多大坝上大量投资修建了鱼道，改善了许多支流上的栖息地，以便恢复产卵地并增强河流的自净能力。该计划最终提前完成，1995 年，莱茵河及其支流中的鲑鱼就已经能够自然洄游并繁殖。

4.6　特色与借鉴

通过对以上国家的分析，可以看出它们普遍走过全力开发河流的弯路，但近年来普遍在大力保护河流，并通过立法与制度的创新产生了许多特色做法，不少可供我国建立、完善河流健康保护法律制度时借鉴。

4.6.1　管理体制

应该说，在管理体制上这些国家并没有统一模式，既有以流域管理为主的，也有以国家各部门管理为主的，既有以国家层面为主进行管理的，也有以地方政府为核心进行管理的。但通过适当的立法与制度设置，这些国家在河流健康的保障上都成就了一些亮点（表 4.3）。

表 4.3　国外典型国家水资源管理体制对照

国　家		管理体制特点	机构设置
美　国		流域统一管理为主	陆军工程师团、垦务局、田纳西流域管理局、农业部水土保持局、地质调查局、州水资源局等
加拿大		国家和政府共同管理	环境部、农业部、草原牧场复兴管理局、卫生部
日　本		国家多部门管理	国土交通省河川局、国土交通省国土资源局、国土交通省都市地域整备局、农林水产省、经济产业省、厚生省、环境省
澳大利亚		主要权力在地方，以州为核心的流域统一管理	水资源理事会、州级水管理机构、区域或地方级水机构、墨累河流域委员会
欧盟	英　国	流域统一管理	环境署（英格兰和威尔士）、国家水利局（苏格兰）、环境部供水处（北爱尔兰）
	法　国	以流域为基础的三级协商管理	国家水委员会、流域委员会、地方水委员会
	意大利	国家管理	公共工程和水力发电部、农林部、工业部和公共卫生部共同负责
	荷　兰	中央和地方政府共同管理	中央级由交通和公共工程部负责，地方水理事会、水公司
	西班牙	流域统一管理	流域行政管理局、用水户协会

4.6.2 水文监测

河流水量、水质、生态等信息，对于河流健康保护十分必要，卫星遥感、水情遥测等新技术层出不穷，则对建立新型水文监测制度与方法提供了很好的契机与条件。

美国学者 1997 年就认识到，天然水流的流态为河流的恢复和保护提供了一个可以经受时间检验的"处方"。澳大利亚昆士兰省 2000 年通过了新的水法，科学家小组使用"基准量测法"来制定环境需水量。南非包含强制"保留水量"的新《水法》通过一年后，政府又发布了指导纲要，详细地说明了如何确定"保留水量"，如今许多南非科学家都忙于确定各大流域的各种用水量，包括生态用水量。而这与水文监测资料直接相关。科学家多年的研究，也使美国建立了准确的预报模型，能够准确预报未来一段时间内的降雨量，同时也能准确地预报这些降雨量将在哥伦比亚河流中形成多少流量，使各大河流在不筑大坝的情况下，防洪成为可能。而且，美国的若干机构都需要并参与哥伦比亚地区的降雨量和河流流量的预报，比如美国工程师兵团、美国垦务局、哥伦比亚河流预报中心、美国天气预报河流预报中心、美国地质测量组织、美国自然资源保护中心、哥伦比亚河流管理公司、西北电力库等。

当然，这些工作也取得了巨大成就：美国宾夕法尼亚州的萨斯河因为无序的采矿业导致黑色含盐很高的污水横流，当洪水发生时，有很多地下矿井被淹没，很多人死于非命。自从该河上升到美国河流遗产的高度进行设计管理以后，利用先进的 GIS（地理信息系统）技术、水质监测技术将流域中造成污染的煤矿地质数据装入计算机，其地理信息系统数据包括整个萨斯流域的环境、人口、社经、地貌、物理形态、天然资源和其他属性等所建立的 GIS 模型真实反映了流域的实际，得出的结论也是全流域性的综合措施，避免了那种"头痛医头、脚痛医脚"的局部短见行为。不久萨斯河恢复了健康，取得了巨大成功，体现了"数字化生存"的优异效果。

总之，无论是河流健康状态的评估与矫正，还是河流工程生态调度，以及执法、司法部门的监督检查，都与综合水文监测制度密切相关。

4.6.3 措施与制度

基础措施建设上。美国建立了准确的预报模型，能够准确预报未来一段时间内的降雨量，同时也能准确地预报这些降雨量将在哥伦比亚河流中形成多少流量。日本通过加大下水道等基础设施的建设力度，来减轻河流的污染。澳大利亚昆士兰省 2000 年通过新水法，成立科学家小组使用"基准量测法"来制定环境需水量，有利于确定维持生态健康的需水量。

河流生态上。各国通过立法的形式保证了生态流量。如日本法律规定，只有在河流中的水超过正常流量时才可取水。至今仍在大力"推进多自然型河流建设"，建设省河川局关于"推进多自然型河流建设"的法规中规定：尊重自然所具有的多样性；保障和创造出满足自然条件的良好的水循环；水和绿形成网络，避免生态体系的互相孤立存在。南非新《水法》建立的"保留水量"的制度，为了维护河流生态多样性、保障生态系统，使其能为人类提供价值功能；在德国，"重新自然化"风靡全国。

渔业资源保护上。美国的《濒危物种法》使各种濒危动物获得了强有力的保护，有了为保护小鱼而停建耗费巨资大坝的判例。法国则因水坝建设造成 5 条主要河流中鲑鱼绝迹，立法禁建水坝，并开始拆坝。瑞典能源法规明确，不能在该国四大河流上发展水电站。

河流工程建设上。近十年来不少欧美国家已经拒绝了几乎所有的河流工程，即使对个别 10 米以下的小水坝也是百般挑剔——不能干预水资源系统，不影响河流水质和水的生态状况，不能对交叉水域、海洋、地表水和地下水产生负面影响等。比如，德国在全国范围内拆除被砼渠道化了的河道，"重新自然化"。

公众参与上。荷兰水董事会是由参与者的代表组成的，参与者来自各个关注水管理的团体，包括土地主、租赁人、房屋所有者、公司甚至是当地所有的居民，水董事会的成员由各个相关团体选举产生。水董事会的这种代表大会、董事会、主席的民主管理也属公众参与的模式。

4.6.4 可借鉴之处

国内河流健康保护立法，不妨考虑借鉴国外以下经验：

（1）河流管理体制上，应适当借鉴流域管理体制。美国是世界上最早按流域进行管理并立法的国家之一，《田纳西河流域管理局法》《下科罗拉多河管理局法》确立了田纳西河与下科罗拉多河流域管理机构的综合管理权限。我国水法规定了"对水资源实行流域管理与行政区域管理相结合的管理体制"，什么叫"相结合"，并不明晰，"多龙治水、分段管理、条块分割"，具体到河流健康管理更是没有明确管理体制，应考虑对长江、黄河、珠江等大河流域在对现有流域管理机构上改革的基础上授予其综合管理的权限。

（2）应加强基础工作，如水文与配套设施的建设。如澳大利亚昆士兰省 2000 年通过新水法后，科学家小组使用"基准量测法"来制定环境需水量，来确定维持生态健康的需水量。日本通过加强城市下水道等基础设施的建设来减轻河流的污染。水文等基础工作是保护河流健康的必要组成部分。

（3）河流工程建与不建的问题上，美国《清洁水法》第 404 条规定，湿地的填埋行为须经过国防部陆军工程兵的许可。《自然风景河流法》对景色壮观且历史悠久的河流施加保护。另外，对"原生环境保护区"规定了特殊的法律保护措施。加拿大规定，所有新建水力发电工程的提议都要就环境问题进行全面评估，超过 25 个联邦和省的环境保护法规涉及各种水力发电项目，具体到了从结构设计到实施的各个方面。在建与不建的问题上，一定要有科学严谨的规划、论证、公众参与等程序。

（4）河流工程建设时，也应保护施工期间河流的健康。如美国《水资源管理法》规定了水坝建设不得因人为控制而降低整条河流的水质。国内的河流工程施工时，往往会在相当长一段时间导致河流断流或水流潺弱。

（5）河流工程运行时，要设定其运行年限，并削弱对河流健康的影响。如美国规定水库经营者每 30 年更换一次执照，"Tennant 法"则提出维持"最优"的生物生存条件，河流平均流量的 60% ~ 100% 要得到保护；若要提供"较好"的生物生存条件，则需要 30% ~ 50% 的河流平均流量。加拿大则规定，水力发电项目要遵守特别严格的环境保护条例，这些法规要确保土地、自然生物栖息地、水、空气等不受破坏。加拿大"国家为生态系统提供水量的原则"明确为生态环境提供用水是法律的规定，如果分配给环境的水量不足以阻止生态损坏的发生，就应该制定从河流引水量的极限（即封顶）。

第5章 河流健康保障法制化管理体系构建

5.1 法律保障的基础理念与标准

5.1.1 立法中引入河流健康理念

国内环境立法日显健全，无须赘述。中共十七大报告在论述小康社会的新要求时，首次提出要"建设生态文明"，让"生态文明观念在全社会牢固树立"，水资源与河流保护是其中最重要内容之一。中共十八大报告中进一步提出"一定要更加自觉地珍爱自然，更加积极地保护生态，努力走向社会主义生态文明新时代"，明确要加强生态文明制度建设。

遗憾的是，国内环境立法体系对河流健康这一重要领域几乎未有清晰认识，仅有的法条，主要在关注于河流污染防治方面，对河流健康的规定寥寥，目前的立法规划中也未见踪影，反而是鼓励开发、利用河流的规定比比皆是。

比如，我国《水法》第26条强烈鼓励河流开发——"国家鼓励开发、利用水能资源。在水能丰富的河流，应当有计划地进行多目标梯级开发。"水能丰富的河流就"应当"开发，而且是"梯级开发"？第21条第2款中规定"在干旱和半干旱地区开发、利用水资源，应当充分考虑生态环境用水需要。"——难道，只有"在干旱和半干旱地区"才需要考虑"生态环境用水需要"？被小水电绑架、溪河断流的神农架地区，算不算"干旱和半干旱地区"？

《水法》第三章是规定"水资源开发利用"的专门章节，第1条即强调"为了合理开发、利用、节约和保护水资源"，可见"开发、利用"向来是立法者对待河流的首要态度。

人类欣赏河流之美、获取河流之利，还必须认识到自然界同样需要水，河流本身的健康也需要水，要为河流的健康和可持续发展留下起码的条件，这就必须在国内环境法立法体系中，将保护河流生健康，保护河流健康明确为河流保护的首要原则，要包括保护和维持河道的流量、流速、水温、滩涂、河谷、生物等。

具体而言，强化民众河流健康理念，最迫切的是，是要让河流健康的概念，尤其是河流健康的内涵深入人心，让民众认识到，河流健康不仅是保证河流不受污染，更重要的，是河流不被填埋，不因筑坝、修堤、渠化、引水等受到永久性或不可逆转的伤害。

最紧迫的，则是让河流工程的管理、规划、设计、运营人员，谙知河流健康的意义与内含，知道生态财富的意义，能够积极主动的参与到河流保护中，比如在环评与公众参与阶段积极行使权利，表达意愿。其中，规划、设计、建设、运营相关单位领导和负责人大多是理工科出身，人文情怀不够，对生态河流认识不足，且有越来越严重的趋利倾向。他们应当知晓譬如洪水、枯水对于河流健康的意义，这对许多老水利工作者来说将是相当困难的，颠覆了他们历来的治洪理念，甚至极大地否定了他们曾经诸多工作的价值。此外，他们应当了解生态流量、保留水量、封顶水量等国外已在立法、实践中运用的成熟做法，从而使得国内河流在每个具体河流工程的筹备、建设、运行期间都有相关支持与安排。

此外，近几年来有少数关于大坝与生态的文章和报道一味怨天尤人，以点代面，以偏概全，甚至编造数据，危言耸听，弥漫着国内环境悲观论的氛围，这也不可取。

5.1.2　正确看待防洪

许多河流工程兴建的主要理由都免不了有防洪，国家层面也有专门的《防洪法》。但近年来，人们一方面在更全面和辩证地看待洪水，另一方面，对洪水能否控制、如何控制的看法也在改变。

早在战国时期，黄河下游的齐、赵、魏诸国，在修筑黄河大堤时，均是"作堤去河二十五里"，南北两堤之间留出五十里（汉代 1 里约相当于今 414 米），供雨季洪水自由泛滥，使"水有所游荡"，水退后留下的淤泥肥力甚好，河边滩涂还可成为良田。到了汉代，"黄河大堤近者离河边仅数百步，远者也不过数里，河道大为受束，一旦洪水来袭，巨大的能量无处释放，溃堤在所难免。若乃缮完故堤，增卑倍薄，劳费无已，数逢其害，此最下策也！"2000 年前的贾让如是说。

——近期翻阅淮海战役相关史料，查到黄百韬兵团的最终归宿——碾庄时，发现这么一段描写："碾庄地势平坦，因历年河水泛滥，居民都将村庄地基筑高 2~3 米不等，称为'台子'。每个村庄由几个'台子'组成，台子之间是池塘、洼地。"其实，这就是一个很好的洪泛管理的案例。

近几年国外一些资料提到"洪泛管理"的概念：洪水来时，除利用水利设施拦水、堵水，还应留与洪水足够的泛滥空间，实际上与 2000 年前的思路基本一致。

1998 年的长江特大洪水，令管理部门意识到防洪抗洪的严峻形势的同时，也开始从社会、经济、生态、环境等更广阔的视野上，广泛探讨洪水问题，从专业人员到社会民众，都感觉到延续数十年的治水模式与社会经济发展已不太适应。

千年来的治水主体思路，是想修建大量河流工程，通过人类努力，把洪水防住或扼守住，将洪水控制在特定的小区域，是"控"的思维。1998 年长江流域的特大洪水后，人们开始意识到洪水的问题是自然界的随机事件，不是单纯凭借人力就能直接去抗争或逆转的，需要系统的方法和全盘的考虑长江洪水灾害的治理。进入 21 世纪，国家防总与水利部明确提出，防洪在思路上，要从控制洪水向洪水管理转变。其主要体现在两大观念的变化上：一要从综合的角度去考虑洪水。它不仅是灾害，在一定条件下也可能变成资源。二是从风险的角度去考虑洪水的问题，洪水灾害是风险的概念，它只能降低或转移，不可能完全消除，更不可能仅靠河流工程来让洪水臣服，而洪水本身也是河流健康需要的。

5.1.3　河流恢复到何种程度

国内绝大多数河流目前已受到或大或小多种河流工程影响，尽可能的给予恢复就成了保护的必有之义和当务之急，问题是，该恢复到什么程度？或者说，该保护到什么状态？这将是法律保障设定与规范的基础条件。

对于"河流生态恢复"的目标，学界在反思与总结中提出，应该缓解对河流生态系统的压力，对各种胁迫因素给予弥补，以恢复河流原有面貌，进而出现了"河流恢复"的概念和相应工程技术。主要存在 5 种不同的表述，即"完全复原""修复""增强""创造"和"自然化"。其共同点表现为：都是从河流生态系统的整体性出发，确定恢复的着眼点是河流生态系统的结构和功能；都把生物群落多样性作为恢复程度的主要衡量标准；都强调恢复工程要遵循河流地貌学原理。

然而，比如"完全复原"这种目标，到底需要复原到什么历史时期的自然河流状况？是几十年前抑或几百年前？因缺乏河流干扰前的地图、文字或图像、水文等资料，加上近百年来河流上建设了大量工程，水量、水文等变化很大，要弄清干扰前的河流状况已十分困难，甚至不可能。

在利益主体多元化的今天，可行的路线应是充分利用生态系统自我设计、自我组织的功能，对河水、河岸、河床、河流断面进行自然化保护或改造，逐步实现生态系统的自我修复，比如，将达到使用年限的河流工程拆除，对新建设的河流工程限制年限，要求新建或已运营的河流工程必须保留基础生态流量——这种恢复目标不是返回到某种原始状态，也不是创造一个全新的生态系统，而是立足河流生态系统现状，发挥生态系统自我恢复功能，逐步恢复河流生态系统，保证人类与河流的可持续性共存。

5.1.4　生态流量

水是万物之源，更是河流的命脉，河流的生态流量是维持河流健康至关重要的元素，河流生态流量研究始于 20 世纪 40 年代的美国西部的保护组织，20 世纪 80 年代，澳大利亚、英国和南非等国家相继开展了这方面的研究。

20 世纪 90 年代前后，国内对河流进行了大规模的治理和开发，在开发建设过程中，考虑较多的总是所谓的带动发展和综合效益，对保护生态水环境考虑的少，很少关心坝下游生态保护和库区水环境保护的要求，其后果表现为河流径流减少，河水断流，水生态系统受到严重破坏。90 年代末期，国内学者围绕"生态流量"的相关概念进行了激烈讨论，其中，如何确定生态流量的标准是其中的焦点。

2002 年 3 月 24 日，水利部第 15 号令发布《建设项目水资源论证管理办法》，揭开国内建设项目水资源论证的序幕。2005 年 5 月 12 日，水利部发布行业指导性文件《建设项目水资源论证导则（试行）》，明确提出建设项目取水应保证河流生态水量的基本要求：建设项目取水量占取水水源可供水量比例较大时，必须定量分析取水对河流生态基流量的影响；对引水、蓄水等水利水电工程的论证，必须分析对下游水文情势的影响，并提出满足下游生态保护需要的最小流量。

部分理念较先进的省份闻风而动，走在了法规体系的前面，如广东省水利厅 2011 年发布《关于小水电工程最小生态流量管理的意见》，该《意见》第一条，将"最小生态流量"定义为：小水电工程的最小生态流量是指为满足维持区域河道的生态用水需求，在建设及运行中必须保证的下泄最低流量。各级水行政主管部门应按照审批权限，负责对职权范围内小水电工程最小生态流量进行审定，并监督执行，以维持河流健康生命。最小生态流量由设计单位原则上按"按河道天然同期多年平均流量的 10% ~ 20% 确定。"但这些规定出台后，往往难以实施，因为许多中小河流没有水文监测数据，根本没法弄清多年平均流量是多少，没法知道"满足维持区域河道的生态用水需求"是多少，况且河流工程多在偏远山区，加上交通不便，实际仍处于无人、无力、无法监管的状态。

5.1.5　建立健康河流评价体系

国内河流之惨，既源于大河流体系的立法理念缺位，也源于现有河流健康标准与评价体系、指标的缺失。建立健康河流的评价体系有助于河流工程筹建、设计、运行等期间统筹与评价河流健康，并对民众的河流健康观念起到系统化、明晰化的教育、引导作用。

比如河流的渠道化，把河流裁弯取直变成笔直的渠道，再严严实实做成混凝土护岸，甚至水面还盖上挡板，鱼到哪里去产卵，螃蟹、水鸟到哪里去筑巢？不合理的堤防设置，造成了河流与湖泊、湿地和滩地的阻隔，阻止洪水的漫溢，改变营养物质输移规律，或者使滩区缩窄，降低河道的防洪能力。通过水库闸坝调度对河流实行径流调节，造成水文过程的均一化，也会降低洪水脉冲效应，可能造成河道周围的湿地退化甚至消失，影响流域生物的生存繁衍。

再比如对洪水的认识，健康河流的评价体系或标准中，应包含"河流是否仍能形成规律性的洪水"。以前认为是有百弊而无一利，所以立法与治河思路上，往往将防洪作为河流管理第一要义，为了达到防洪目的，往往不惜牺牲其他环境要素。随着环保知识的进展，如今人们逐渐认识到，洪水是反映江河和生命生存的自然现象，洪水自古存在，河滩、泄洪区实际上都是河流的组成部分，只是人类为了获得更多的土地，更便利的生活条件，"占领"了原属河流的滩涂、滨岸、河床。

于是，当对河流生态系统有利、也是河流健康存在的应有之义的季节性洪水如期而至时，房屋被冲毁，庄稼被淹没，甚至有人溺亡时，洪水就成了人类眼中的"毒瘤"，总想通过修堤筑坝等形式将其束缚与管理起来。但事实上，大型河流的洪水不能根治，也无法根治，当前科学技术水平，仍无法预报较长一段时期的天气预报，更无法真实掌握了解历史上的大洪水，从而也无法进行分析总结，只能根据社会经济发展阶段和承受能力，进行人为防护，但在持续的人为改变过程中，不应忽视河流应有的权利，强迫停止流动，导致水量缩减，使其存在空间不断被束缚，实际上最终损害的，是河流的健康与生态，以及人类享受优美环境的权力。

需要注意的是，建立的河流评价体系不能只用专业绕口的术语，更要用通俗易懂的指标或描述。黄河水利委员会提出的黄河健康评价指标体系，包括低限流量、河道最大排洪能力、输沙能力、平滩流量、滩地横比降、水质类别、湿地规模、水生生物和供水能力等8个单项指标，民众听起来就很困惑，什么叫"滩地横比降"？而在西欧国家，提出的是"让大马哈鱼回到莱茵河"作为河流健康的目标，清晰明白，具有感召力和亲切感，便于吸引民众参与，并便于判定效果，起到了很好的感染与号召作用。

资料：

他山之"河"

1995 年左右，莱茵河连续发生大洪水，沿岸很多城市被淹。然而，在 1998 年荷兰鹿特丹举行的第 12 届莱茵部长会议上，部长们对洪水的反应并不是要加高堤坝，而是要通过综合的措施来防范洪水。在这次会议上通过了总额为 120 亿欧元的"莱茵河洪水管理行动计划"。

列在第一项的竟是"河流天然化恢复"，第二项是天然洪泛区的恢复，第三项是农业集约化，第四项是天然化的植树造林（即模拟自然的植被群落，而不是那种标准化的人工林），第五项是恢复易透水地面，这项防洪措施，是建立在这样一种理论上：即有专家研究发现，如今的城市除了绿地外，已全部是水泥或柏油的地面，这种地面与天然的泥土地面相比，具有不透水性。降雨时这种不透水地面，不能吸收水分，雨水很快汇集进入下水系统，快速排入河流，这种城市不透水地面产生的急流，加速了洪水的形成，加大了其威胁性。因此恢复透水地面，如：建设半透水的停车场等，是防洪的一个重要措施。

著名的地理学家黄秉维先生，曾发现我国许多水土流失严重的地区，有一种现象当地百姓把树林下的枯枝落叶都收集起来，当燃料用，因此林下总是光秃秃的。这样当暴雨来临时，地面上就没有了吸收雨水的松软的腐殖层，降下的雨水很快就会形成径流汇入江河。可以想象如果一个流域都是如此，那么植树造林再多，对防洪的意义也不大。

5.2　河流应分类分段保护

5.2.1　基本思路

当前可行的思路，应是与国内风景保护区、自然保护区、自然遗产保护体制相结合，通过立法的形式，将国内河流或流域确定为不同保护等级、不同保护江段，进行差异化保护，规定不同的保护标准，即，河流健康的保护思路是：对河流与流域进行保护等级划分；河流与流域可分江段确定保护等级。

5.2.2　如何分类

本着简约、可行的思路，不妨将国内的江河及河段分成 3 种类型，以此作为是否建设河流工程及决定规模的依据：

5.2.2.1　国家级保护河流（或河段）

——严格禁止修建河流工程。包括世界自然遗产地、国家风景名胜区、国家级自然保护区与国家森林公园中的河流或流经的河段；修建河流工程后会导致严重外交或民族问题的河流；修建河流工程将导致重大生态影响（如可能导致珍惜鱼类或水生物灭绝）的河流；具有其他重要或特殊意义的河流。

凡符合以上其一者，应由国务院确立为国家级，严禁开发或规划开发。已开发建设的，也应限定运营年限，争取逐步拆除，恢复自然面貌和流态。

5.2.2.2　省级保护河流（或河段）

——严格禁止修建大中型河流工程，允许非核心江段存在少量小型河流，但有其他保护法规予以禁止的除外——如省市级自然保护区和风景名胜区，滑坡、塌方与泥石流等山地灾害多发区；珍贵濒危野生动物栖息地和分布区，鱼类集中繁殖和洄游区，文物与历史遗迹保护地，跨国河流，可能影响稳定的民族地区等。

凡符合以上其一者，应由省级政府确立为省级保护河流或河段，限制开发。在上述问题获得妥善解决之前不得开工建设大中型河流工程。

上述两种等级的河流与河段，即使现阶段已建设有河流工程，也应参照年限制管理模式，确定运行年限，采用期满后重新评估或强制拆除的方式，通过工程拆除或改善运营方式，以逐步恢复河流生态。如果只做了规划、设计并未实际动工建设的，应重新进行评估或修订，禁止动工兴建或为河流健康而做出改良。

5.2.2.3　一般性河流（或河段）

——即非强制保护性河流，建与不建可在环评与公众参与的基础上进行规划和决策；如能通过规划与环评，可以在限定运营年限的基础上适度开发，并附加生态化、年限化、保证生态流量等运营条件。如，美国《原生态环境保护区法》规定的保护范围是："相对于其景色已被人和人所建的工程所支配的地区而言，其土地及生物群落尚未受人的干扰，人只作为造访者出现过而未在此居留的地区应被确认为原生环境保护区。"如此一来，"原生态级、野生态级及只能行使独木舟级等地区均为'原生态环境保护区'"，许多河流以及滩涂、滨岸均被认定为"原生态环境保护区"，得以享受特殊的法律保护。

5.3　建立河流健康法律保障的制度体系

如何保障河流健康，应在立法构架与法律制度上做好、做足文章，根据河流工程的特征，适合建立的法律制度体系如表5.1所示：

表5.1　河流工程法律规范的制度构建与模型

基础工作	1. 引入、传播河流健康理念 2. 确立河流分类分段管理模式 3. 建立法律保障的基础理念与标准 4. 评估现有工程以及相关法律、政策体系 5. 建立河流综合水文监测制度
建与不建的法律规范	1. 河流规划须审慎、独立 2. 环评要强调规范性 3. 规划环评等阶段建立公众参与机制 4. 限制建设类型与规模 5. 明确许可证制、有偿取得、年限制

续表

如何建的法律规范	1. 流域规划权与工程设计权分离 2. 工程类型、规模、年限的限制 3. 避免追求硬化渠化河道河堤 4. 施工期也要强化环境保护
运营的法律规范	1. 明确生态运营原则 2. 设立和谐共处调度规则 3. 动态调整机制 4. 阶段性评估和改良制度
管理的法律规范	1. 健全管理体制 2. 完善管理立法 3. 严格管理执法
持续改进工作	1. 下泄流量不足、低温水影响鱼类、清水下泄影响河岸稳定等问题 2. 人工繁育、放流珍稀鱼类 3. 支持生态调度水电优先上网 ……

应以河流分类分段管理为前提；并与河水污染防治配套进行。

5.4　评估现有河流工程与政策

5.4.1　评估现有河流工程选择性拆除

对河流工程，应有以下认识：但凡尚有水流的溪河，均应予以珍视，应尽力保护、努力恢复其自然状态，或是制定恢复性计划。因为随着经济的发展和民众生活追求的变化，其最重要的价值，应在于生态与休闲。

（1）河流工程本来就有寿命。如《全国病险库除险加固专项规划》调查显示，国内有 3 万多座病险库，只有部分大中型水库被列入除险加固的计划，另有 2 万多座小型水库需要除险加固。这些小型水库大多建于 20 世纪 50—70 年代，工程标准偏低、质量较差，安全与不经济问题十分突出，每年汛期小型水库出险、溃坝事故时有发生，根据具体情况选择性拆除，从经济、生态的角度讲都是必要选择。

（2）保护级河流理不应受河流工程侵害。对国内现有河流做好分类分段保护规划后，有些河流被纳入国家级或省级保护河流范畴，就必须对影响其生态与健康的河流工程进行再评估，根据河流的保护级别来分别决定立即拆除或限定一定运营年限后拆除。

（3）西方国家的河流工程拆除运动为国内积累了经验。如最早兴建大坝的美国，从 20 世纪末开始拆除到期或失去作用的水坝，已拆除逾 1000 座坝堤。美国一个坝如被列入拆除计划，首先可取得拆坝许可证，同时还得制订《大坝及水电设施退役导则》，明确了大坝退役评价所需要的数据，拆坝所要开展的工程、环境和经济评价的方法，大坝退役的具体技术方案和如何评估退役坝的投资与效益等程序与实体要求。①

瑞士、加拿大、法国、日本等国家也相继开始了拆除河流工程、恢复河流自然状态的行动。目前的情况看，发达国家拆除水坝的运动有恢复河流生态的考虑，也有经济原因的考虑：比如 1997 年 6 月，应公众要求，美国联邦政府决定拆除缅因州奥古斯塔发电能力 3500 千瓦的水坝，以有利于河内的九种迁徙鱼类的生存繁殖。拆除的绝大多数是小型坝，寿命超过使用年限、功能已经丧失或本身就是病险坝，维护费用高昂，拆除是最经济的选择。

就拆除河流工程的思路来看，应有选择分阶段进行，年代久远经济效益不高或生态危害很突出的河流工程应首先被拆掉，以恢复当地原生物种，恢复自然河道。还有技术问题，比如有不少河流都是被梯级开发，河流工程很多，就应从下游开始拆除，使上游的水量不至于骤减，生态才能逐步恢复。

和建设坝、堤等一样，拆除河流工程是个庞杂的课题，美国威斯康星大学和加州一些大学甚至已经有拆坝课程，它将涉及众多学科，需要应对历史遗留的种种社会、经济与生态问题，需要汇集人类的相关教训、技术和立法技巧。②

5.4.2 各地土政策：及时废止

21 世纪初，多个水电资源丰富的南方省、自治区都出台了发展水电的优惠政策。这些盲目倡导修建河流工程或是发展水电，尤其是小水电的文件，造成了许多地区出现完全的枯河，导致部分地方甚至发生了一系列过激或冲突事件。如今环评与公众参与等领域都出了要求更严的新法规，环保部门随后相继出台了《关于加强水电建设环境保护工作的通知》《环境保护部、国家能源局关于深化落实水电开发生态环境保护措施的通知》。

各地方的土政策从法理上而言，基本精神也与这些决定与办法相冲突，应被行文废止。可这些旧文件实际上仍在使用。国内有"政策比法律管用"的惯例，国家法律

---

① 比如 1999 年，缅因州埃德沃水库的主人去更换执照时被要求拆除。这个 10 米高 200 米长的坝已经修建近百年，一直用来发电。20 多年前当地渔民诉说，河里的某种三文鱼因大坝而完全消失了。政府充分调查后决定拆除大坝，并且用 10 年恢复河流原生态。保坝与拆坝方为此争论了 10 年最终达成协议，大坝用两个星期就拆完了。原来担心拆坝会影响旅游生意的人看到，恢复后的河流险滩吸引探险旅游者，秀丽自然景观吸引了更多游客，他们划着小船穿行在树影河流之间，渔民又有三文鱼可捕了。

② 张可佳. 全世界究竟拆了多少坝 [N]. 中国青年报，2003-12-10（8）.

法规由而大打折扣，因此这些旧文件应该被立即废止，如：

湖南省《关于加快发展农村水电意见的通知》（湘政办发〔2003〕29 号；2003 年 8 月 15 日）；

云南省《关于加快中小水电发展的决定》（云政发〔2003〕138 号；2003 年 10 月 29 日）；

重庆市《重庆市水电开发权出让管理办法》（渝府发〔2006〕50 号；2006 年 5 月 19 日）；

广西壮族自治区《关于切实加强水能资源和小水电开发利用管理的通知》（桂政办发〔2008〕37 号；2008 年 4 月 22 日）；

四川省政府转发的《省发展改革委关于加快我省水电有序发展的建议》；（川办函〔2008〕301 号；2008 年 12 月 22 日）；

……

这些文件大多是鼓励招商引资，要求超常规的开发、建设河流工程、发展水电水利等，而湖南、云南、重庆、广西、四川等地，恰好又是国内河流最为密集的地方，客观来说，这些文件使地方政府部门和当地民众放松了警觉，起到了盲目推动的效果。

如今国内已有近 5 万座水坝、拦河坝道，过度开发乱象丛生，小水电站"泛滥成灾"，对环境和生态带来严重负面影响，亟待规范。如河北省平山县，仅 60 余千米的卸甲河河道上，分布 6 座水坝；在湖北，神农架林区所建的百余座小水电站，导致神农架河断流，风景尽失……跑马圈地的中小水电开发中，西南、华南地区许多风光旖旎的河谷地区，几乎都面临"沦丧"，原本水草丰茂、鱼虾畅游的美景皆成了枯河谷，甚至已被填埋。

2011 年 9 月初，水利部发出《关于进一步加强小水电代燃料和水电新农村电气化建设管理的通知》，要求对已建和在建项目加强监督检查，包括从项目立项到验收的全部环节，尤其强调了对各项行政许可如立项、土地、环评、水保等手续是否完备的检查。但在地方求发展、求税收的冲动下，效果并不理想。

5.4.3　大型调水工程：适时禁止

2014 年 12 月底，耗资数千亿的南水北调中线工程通水，却引来质疑不断：水量太小，流速太慢，水质堪忧，冬天枯水期结冰水可能来不了，丰水期北方又不需要，水价太高，如何对水源地进行生态补偿……这几乎也是每个大中型调水工程面对的置疑。

几十年来，受以丰补歉、拉扯平均等老旧思想的影响，国内陆续修建太多调水工程，如江苏江都江水北调工程，广东东深引水工程，河北、天津的引滦工程，山东引黄济青工程，甘肃引大入秦工程以及备受争议的南水北调工程……至少还有数十个大型调水工程还在修建或前期工作中，投资额也不断攀高，比如昆明市计划上马的滇中调水，估算投资即达600多亿元，南水北调中线工程，实际投资额已超过预算数倍。

许多建成的调水工程也没有起到设想的效果，反而欠下了巨额债务、影响了环境、痛苦了移民，调来的天价水则面临卖不出去的难题，成了沉重的财政负担，其中最关键的一点，是环境代价被漠视了。曾有媒体评论："调水工程主要是搞工程的人从工程角度考虑的，工程对生态环境的影响几乎完全被忽视了。"可谓一言中的。世界自然基金会全球淡水项目主任杰米·皮托克也在一份报告中指出，将一条河的水注入另一个缺水地区，这种做法越来越流行。但想靠调水一劳永逸地解决水短缺问题，只是"管道幻梦"。

耗资巨大的调水工程实际并不会从总量上增加哪怕一毫升的水，沿途还会挥发、渗透、污染、浪费不少水资源，并出现地质、盐碱地、耕地减少等一系列问题，属典型的"拆东墙补不好西墙"，极大地改变了河流的时空分布特征，负面影响既涉及被调水地区，也涉及调入地区，如会减少水量输出区的生态水量，降低水位、流速、流量、地下水位和自净能力，威胁渔业资源，导致盐碱化等。

长江水资源保护局原局长翁立达认为，我国的大量河流调水简直就是一个"连环计"：海河水调光，就调黄河；黄河水调没了，就调长江。一项大中型调水，往往会引发相关各地实施连环调水。"这样调个不停，不知道什么时候是个头。"目前尽管生态、环境等负面影响还未完全呈现，但不少异常已初露端倪。从水圈和大气圈、生物圈、岩石圈物质交换和能量传递来看，跨流域调水工程对生态、环境、社会负面影响不可避免，实该慎之又慎。有一些调水工程还改变了河流流向，产生"逆向河流"等一系列问题，将导致更加严重的生态环境问题。

再看经济账，越来越多的调水工程变成巨额亏损，现屡屡出现居民用不起的"怪事"。早在2003年，总投资103亿元的山西省某调水工程通水，可太原水务人员向来访的新华社记者诉苦，多次提升引来的黄河水每立方米成本价超过5元，再经水厂处理，仅成本价就在每立方米8元，黄河水成了"天价水"卖不出去。最终，调水单位只能是层层亏损，以每立方米2.5元的价格卖给居民，2008年年底，黄河供水公司累计亏损1.27亿元；2009年亏损9000余万元……

还有移民，2002年，时任国务院副总理温家宝在考察某大型调水工程时，明确指出，"建国以来我们修了不少水利工程，有很多的水库移民，但是安置工作遗留问题很多。移民安置的遗留问题不仅贫困地区有，经济发达地区也有。根本原因是没有解决好失去土地的移民生计问题。"随后《南风窗》记者在河北石家庄郊区采访发现，相邻的两块地，被开发商征去开发住宅和被国家征去建设某调水工程，补偿标准相差了将近5倍，村民们一直为此上访——为什么影响自然环境的同时还要牺牲弱势群体的利益？

发达国家对于调水工程早已越来越慎重，因为多个调水工程已引发严重生态和社会问题，如俄罗斯北水南调工程，由自涅瓦河调水，引起斯维尔河流量减少，使拉多加湖无机盐总量、矿化度、生物性堆积物增加，水质恶化，西伯利亚大片森林遭破坏。那么，在越来越重视环境和可持续发展的时代，国内调水工程理应越来越慎重，大中型调水工程应被适时禁止，牺牲一地去迎合另一地本身就是不公平的，经济总量也不再是我们发展的唯一理由，正如媒体调侃的，GDP 不应再是衡量老百姓幸福的唯一指标，若是过分看重此数据，那 GDP 恐怕只剩下一个"P"了。

5.5　建立水文监测等科技支撑体系

5.5.1　建立的意义

自然状态下的河流一般认为是健康的河流状态，可由于人类挤占了河流的泛洪等空间，约束了河流脾性的自然舒展，使得人类与河流相处过程中，对有些河流有了"害河"之类的评价，对河流工程也有了防洪防涝等方面的正面评价。但随着对河流健康的日益重视，恢复河流空间，尊重河流规律成为广泛接受的观点。

国内河流水文监测基础薄弱，且大量河流工程、大量河流失去健康，尽可能地模拟河流自然流态、尽可能地保证生态基流是现实之选。那么，全面、准确的水文监测数据，将是决策河流工程是否建、如何建、如何运营的最基础、最必要的工作，在流域资源开发利用、具体工程建设管理、农业灌溉、城市用水、航运等方面也将发挥重要作用。

由于各种原因，水文监测是国内河流，尤其是一般河流或中小河流所严重缺乏的。河流水文监测范围包括河水的补给来源、河流水情、水温、冰情、水化学和泥沙以及河流类型、河川径流的年内分配和多年变化情况等，其中最重要的属补给来源与水量、流速监测。应该说，大气降水是地球上所有河流的唯一补给水源，按水进入河流的不同方式，可分为地面水补给和地下水补给。地面水补给又有雨水、积雪融水和冰川融水等不同补给类型；地下水补给还可分松散层地下水和基岩地下水两种。河流一般很少有单一的补给源，自然地理条件不同，河流的补给、流速也不相同。

以监测数据较全的长江汉口段为例，自 1865 年至 20 世纪 80 年代的 100 多年中，大致可分为 5 个丰枯循环期，一次循环期最长的为 26 年，最短的是 16 年；循环期中的丰水段为 8~18 年，枯水段为 9~16 年。国内南北各河丰枯水同时遭遇的机会不多，往往出现南丰北枯，或北涝南旱的现象。但在稀遇的年份，也有同时出现丰水年（如1954 年）或枯水年（如 1929 年）的情况，从而得知水量的大致范畴、年度平均流量和变化规律等重要信息。

因此，添置、更新、改造水文测验、报汛和通信设备设施，加快推广应用新技术、新仪器、新设备，积极应用遥感技术、信息技术和自动化技术，扩大信息源，加强水文预报研究和软件开发，提高水文预报的精度和时效。建成水文信息传输、处理、存储、服务一体化的水文信息服务系统，已成为保护河流健康的重要基础工作。

5.5.2 国内现况分析

《水法》第16条第2款规定，"县级以上人民政府水行政主管部门和流域管理机构应当加强对水资源的动态监测。"《水污染防治法》第18条规定，"国家确定的重要江河流域的水资源保护工作机构，负责监测其所在流域的省界水体的水环境质量状况，并将监测结果及时报国务院环境保护部门和国务院水利管理部门。"国务院2007年颁布的《水文条例》第4条规定，"国务院水行政主管部门主管全国的水文工作，其直属的水文机构具体负责组织实施管理工作。国务院水行政主管部门在国家确定的重要江河、湖泊设立的流域管理机构，在所管辖范围内按照法律、本条例规定和国务院水行政主管部门规定的权限，组织实施管理有关水文工作。省、自治区、直辖市人民政府水行政主管部门主管本行政区域内的水文工作，其直属的水文机构接受上级业务主管部门的指导，并在当地人民政府的领导下具体负责组织实施管理工作。"

水文管理体制，目前实行的是中央和省级两级管理、流域管理和区域管理相结合的管理体制。

作为主管部门的水利部先后出台了《水文管理暂行办法》《水文、水资源调查评价资格认证管理暂行办法》等法规，制定了《水文站网规划技术导则》《河流流量测验规范》等数十项技术规范和标准。

从现况来看，国内水文监测依然存在网点不全、设备不精、预报不准、人员不足等一系列问题。一方面是因为水文基本建设属于无效益投入，主要靠政府拨款，导致投入长期不足，水文基础设施建设严重滞后，因此水文站网不完善、监测能力不足、服务手段落后。诸多中、小河根本还没建立相关水文监测站点，没有任何历史水文资料，导致对河流生态流量无法给出自然状态的数据，一旦有河流工程规划或建成，也无法进行生态化调度或模拟人造大、小洪峰、保持中等水流等工作。

此外，跨界水质监测制度没有发挥其应有的作用，这是河流污染预防与责任划分的基础。《水污染防治法》第18条规定虽然规定重要江河流域的水资源保护工作机构负责监测其所在流域的省界水体的水环境质量状况，却没有进一步规定跨界水质不达标怎么办，责任如何落实和追究。没有责任规定，使得跨界水质监测失去了实质意义，不能真正发挥这一制度的应有作用。

还有水文信息公开、共享和通报制度如何建立的问题。已有水文信息怎样让有关的地区、单位和个人知道，达到资源共享，目前的收集、整理、公开、查询、使用都缺乏正常的渠道。《水法》修订后，也没有解决环境保护部门和水行政主管部门水质监测机构的重叠和不同机构之间的监测资料共享的问题。

水文监测体制积累的问题也较多。一方面是重复建设的问题，如长江流域好多县市，既有长江委水文局系统建设的水文站点，也有地方气象、水利部门建的站点，甚至好多大中型河流的开发企业也建立了水情预报系统来提高调度的准确率。另一方面有不少地区防办、气象、水文、国土等部门同时建设了山洪灾害预警系统或自动测报系统的程度，在导致重复建设的同时，人员、设备、技术也普遍分散与落后。

水利部近年来提出，要"推进中央和地方对国家重要测站的共建共管及由省级水行政主管部门和地市级政府对地市级水文局实行双重管理"，应该说，实行流域机构和省级水行政主管部门共建共管，更能保证水文站网的完整性、科学性、避免重复建设、保障流域内水文资料的可靠性；有利于流域内水文信息的共享互通以及国家对国家水文站网的投入。而地县水文工作实行由省级水行政主管部门和地县政府的双重管理体制，有利于充分发挥水文为地方经济社会发展的服务功能，有效地参与各地的防汛抗旱、水资源管理、水土保持等地方政府的各种涉水事务。

5.6 强化渔业资源保护

河流是否健康，最直观、最可信的指标就是河中鱼类的数量、种类、存活率。保护河流健康，除了尽可能减少河流工程对河流的影响，保证水生物、防止渔业滥捕也是重要方面。比如近几年，长江沿岸政府开始大搞增殖放流，可放流的亲鱼（即种鱼，已至性成熟阶段可繁殖的鱼）都在清水中养大，放流到长江里，一般不适应浊水环境，都聚集在江边。很多非法捕鱼者，就采用电捕方法捕捞亲鱼，到了下游，更是被密集的"迷魂阵"给捕走了。

本书第 2 章介绍了长江渔业资源滥捕泛滥现况，要遏制杜绝滥捕，首先法制要健全，此处仍以长江为例，探讨如何从立法上加以完善，是河流健康加强法制化管理的一个重要方面。

最理想、便捷的方式，是从渔业保护基本法修订着手，《渔业法》2004 年完成了修订，规定仍较笼统，执行性差。目前具有操作性较强的，仍是 1995 年农业部制订的《长江渔业资源管理规定》，其属于专门条例，若能修订完善，将对日渐枯萎的长江渔业起到有力保护作用。修订的主要思路是：

（1）鼓励行政管理与群众管理相结合。随着渔民生态保护意识的提高，可考虑借鉴国外建立区域性渔业管理理事会和民间保护组织的经验，因地制宜地办好地方性渔民协会，并给每艘渔船装上 GPS 定位装置，掌握船的出现情况，方便监控管理。逐步发挥渔民参与管理的作用，变单纯的部门管理为全社会的管理，形成具有中国特色的专业管理与群众管理相结合的渔政管理模式。

（2）对滥捕的概念、内含等法律要素规定明晰。对滥捕有科学的界定，是防范滥捕的核心问题，十余年渔业保护的混乱实践证明《长江渔业资源管理规定》需要根据长江流域实际情况，对滥捕相关内容做出更详细规定。如对禁止性的滥捕方式进行详细罗列，即使因为科技进步等导致新方式不断出现而不能完全被罗列，也应做出具有概念性包容性的规定以利于执法部门判断。再比如，多小的网眼算《长江渔业资源管理规定》第6条列举的"密眼网"？什么样的网又叫"拦河缯（网）"，由于网类渔具本就差别不大，这些虽然细小却很关键问题需要规定清楚。因为渔业资源越来越少，反而刺激了非法捕捞的存在，"越搞不到，越要电打"，因为"平常网具搞不到，电打鱼搞到了"。

（3）统一长江渔业最低可捕标准。这些内容具体包括"捕捞标准、禁渔区、禁渔期、禁止使用或者限制使用的渔具和捕捞方法、最小网目尺寸等"，其不应由《渔业法》授权给"各省、直辖市渔业行政主管部门制定"，更不应像《渔业法实施细则》第21条规定的那样，由"县级以上人民政府渔业行政主管部门"来制订。而应由长江渔业资源管理委员会办公室统一制订发布，并根据长江渔业的实际状态，每5年或10年变动一次，以保持各省、市标准一致，更符合长江流域整体性特点，也更方便宣传、监督工作的落实。

（4）加大对滥捕的处罚力度。《渔业法》2004年修订后，对"炸鱼、毒鱼、电鱼"等滥捕行为处罚额度规定为"5万元以下"[①]，"情节特别严重的，可以没收渔船"，《渔业法实施细则》多年来一直未作修订，实施的还是"50～5000元"的处罚，严重畸轻，缺失其应有的威慑与惩罚、教育作用。《长江渔业资源管理规定》中的规定也非常简单："违反本规定的，由渔政渔港监督管理机构按照有关法律、法规予以处罚"[②]，渔民不可能再去查找、学习"有关法律、法规"是如何规定的？他们只知道《长江渔业资源管理规定》中并没明确说要处罚，况且，其"有关法律、法规"规定的处罚也不重，仅为"50～5000元"而已。即使被罚了，会在滥捕上变本加厉，以尽早把损失补回来，倒霉的仍然是鱼。

---

① 《渔业法》第38条。
② 《长江渔业资源管理规定》第19条。

第6章　河流工程建设法制化管理的健全与完善

6.1　规划要审慎与独立

6.1.1　规范河流工程的立法缺陷——以规划为例

规划就是未来，有规划才有未来，尤其是环境领域。

规划环评立法之所以难，很大程度上是因为规划环评注重的是长期利益、全局利益，与"重审批轻规划"的部门利益和"短平快出业绩"的地方利益冲突，致使不少地区和部门对工作不支持，并以种种理由逃避开展规划环评的责任。

此外，现有立法中存在的问题不容忽视。如《可再生能源法》第8条规定：国务院能源主管部门根据全国可再生能源开发利用中长期总量目标，会同国务院有关部门，编制全国可再生能源开发利用规划，报国务院批准后实施。第2条第2款中规定："水力发电对本法的适用，由国务院能源主管部门规定，报国务院批准。"2010年4月1日，《可再生能源法》实施，但水力发电如何适用，国务院能源主管部门，即国家能源局至今仍没有拿出相关规定，水电的定位问题仍存疑，直接影响了河流工程的规划和定位。

更令人担心的是，至今仍有不少学者认为河流规划应追求经济效益，对各界起到了相当大的误导作用。比如不断有人提出类似"长江流域水能资源丰富，目前开发利用程度低，现有流域综合规划严重滞后的现状，长江流域是我国今后水电开发的主体……"的观点，若以此为原则进行贯彻落实，恐怕要不了多久，西南地区将没有一条自然河流，国内也将没有一条水草丰茂、鱼虾畅游的健康河流。

以用水最狠、对中小河流伤害最大的小水电为例，"按照《可再生能源法》的规定，小水电列入可再生能源之中。资料显示，到2020年，国内将建成300个装机10万千瓦以上的小水电大县、100 个装机 20 万千瓦以上的大型小水电基地、40 个装机 100 万千瓦以上的特大型小水电基地、10 个装机 500 万千瓦以上的小水电强省。"①小水电一般采用的是引流式发电,一般是将小溪河中的水全部引走,通过管道来加大落差和势能,一座小水电站投产,往往宣告一条小河流的长距离断流以及断流区域的生态死亡。如此密集的小水坝小水电,或者能带来相对稳定的小额税收,更会给当地的溪河带来生态灾难。

最令人担忧的是,一些水利和水电工程虽然表面上是按照流域来做的规划,但两者均未纳入各流域总体规划,从政策的层面上来考虑推进流域的水量、水质、水能的一体化管理没有足够大的措施,因为管水管电的部门很多,各部门做规划的时候考虑自己部门的利益比较多,对于如何保护流域生态的一盘棋还缺乏足够的认识。

由于缺乏规划和各自为政,各河流工程间,也相互掣肘,使经济效益与兼顾生态大打折扣,比如长江上游在建的水电站群,已逼近南水北调西线工程调水水源地。在曾引起业界广泛关注的《南水北调西线工程备忘录》一书中,学者们统计的结果是西线雅砻江调水一、二期工程对雅砻江干流已建及规划电站的发电指标将产生较大影响,可以让二滩公司设计的水电站年发电损益 92.65 亿元。

城市的河流与水利类规划同样不容乐观。一方面,是管理部门存在多头管理;另一方面,是管理权限紊乱与管理真空同时并存。以成都市为例,"市政公用局管城区里用水、排水、污水处理;市容环境管理局管城区里的河道和防汛;水利局管城区里的河道和防汛,连同一条河都分段管理。"②

还有个笑话:天津市经济管理部门在统计该市洗浴中心时,统计口径上一律要分内环线和郊县的,为什么呢?原来,天津水资源是按区域划分的,内环线以内归城市供水管理部门,内环线以外归天津市水利部门。洗浴中心取水的审批权,就这样分给了两家。两家都有执法权,两家都有审批权,两家都有收费权。可见管理权限的模糊与紊乱。

从具体条文来看,许多规定也不具可操作性,细节模糊,导致立法目的不能实现,极大地影响了河流健康的实现,如《水法》第 65 条规定:"在河道管理范围内建设妨碍行洪的建筑物、构筑物,或者从事影响河势稳定、危害河岸堤防安全和其他妨碍河道行洪的活动的,由县级以上人民政府水行政主管部门或者流域管理机构依据职权,责令停止违法行为,限期拆除违法建筑物、构筑物,恢复原状;逾期不拆除、不恢复原状的,强行拆除,所需费用由违法单位或者个人负担,并处 10000 元以上 10 万元以

---

① 赵学儒. 小水电肩负新使命出发 [N]. 中国水利报, 2006-03-18 (8).
② 徐楠. 天下第一难事与史上最牛规划局长 [N]. 南方周末, 2008-12-25 (4).

下的罚款。"条款中提及"强行拆除",但其执行主体很不清楚,结合上下文看,应是县级以上人民政府水行政主管部门或者流域管理机构,但这种强制执行权,如果没有公安部门或司法机关的配合是很难实现的。如果赋予水行政主管部门和流域管理机构这种强制执行权,也应当规定相关救济程序。否则,也可能会发生滥用职权和违法执行的情况。

新《水法》虽然对水环境管理体制做了很大改变,将"统一管理与分级、分部门管理相结合"统一改为"实行流域管理与行政区域管理相结合"的管理体制,加强了水资源的统一管理,并确定了流域水资源保护机构的法律地位。但没有解决行政区域水环境管理机构和流域管理机构的关系问题,也没解决环保部门和水行政主管部门水质监测机构的重叠和不同机构之间的监测资料共享的问题。当一个部门应与另一个部门配合而不配合,应如何处理等,都没有做出应有的规定。比如对跨行政区的江河、湖泊缺乏综合开发利用的具体政策,一个流域涉及的不同地区,往往采取有利于自己的开发利用政策;不同的行业部门,只从本部门需要出发来决定开发利用跨行政区的水环境,其原因在于有关的政策不明确、不具体或即使违反也无人追责。

现行法规中没有明确规划未实现和违反规划的责任追究问题,尽管法律也规定改变规划必须经原规划审批机构的批准,但许多情况下,不是改变规划,而是不按规划采取措施,甚至直接违反规划,对此没有严格责任追究规定,导致了人们常说情景:规划规划,纸上写写,墙上挂挂,一句空话。

近几年来,环保部开始着力规划环评,意图将环评与规划作一定结合,即在具体项目立项之前的规划阶段就对资源环境的可承载能力进行科学评价。其中一个重要内容是分析规划中对环境资源的需求,根据环境资源对规划实施过程中的实际支撑能力提出相应措施,设定整个区域的环境容量,限定区域内的排污总量,对河流健康保障而言,也能在更宏观的层面更早起到保护与预防作用。2009 年,《规划环境影响评价条例》姗姗出台,规定的最严厉处罚却仅是"依法给予处分",如其第 31 条"规划编制机关在组织环境影响评价时弄虚作假或者有失职行为,造成环境影响评价严重失实的,对直接负责的主管人员和其他直接责任人员,依法给予处分。"罚则如此之轻,实在是隔靴搔痒。此外,区域或流域的最大环境负荷值如何设定,也是基础性难题。

6.1.2 流域与河流工程规划应审慎

规划作为河流保护之首要基础,应在河流分类分段管理的基础上,做好河流规划立法,明确建不建、如何建、如何管理河流工程,通过"界定公众利益并致力于达到实体正义",是依法保护河流健康的关键——好的法律应该提供的不只是程序正义,它应该有力又公平,应该有助于界定公众利益并致力于达到实体正义。

国外流域管理机构都将编制流域综合规划作为河流保护最核心的工作，尤其关注流域生态环境敏感保护对象、方式和范围。《欧盟水框架指令》的核心即编制流域综合管理规划。而国际流域管理规划的内容，也由传统上比较注重工程与项目规划，转为更加注重目标的设定、重要领域的选择、优先区与优先行动的设定，即价值取向的变化。

国内 1996 年修改的《水污染防治法》、2002 年修改的《水法》、2015 年修改的《环境保护法》，都加强了规划制度，对流域水污染防治规划、水资源流域综合规划和流域专业规划，均做出专门规定。如新《水法》增加了全国水资源战略规划的规定，把水资源规划分为流域规划和区域规划，流域规划和区域规划又分别有综合规划和专业规划，并对规划给予了法律界定。

可问题在于，国内河流规划的问题，多在考虑河流的开发、防洪、水污染防治等方面规划，对河流健康以及整体生态保护认识尚浅，连水利部领导也坦诚，国内河流规划"重点主要围绕重大工程建设开展，对生态建设、环境保护和流域的管理等工作重视不够；特别是流域综合规划滞后于有关专业规划，难以合理规范和有效管理水资源开发利用行为，导致一些地方水资源过度开发、水能资源无序开发。"①原水利部部长汪恕诚即呼吁：要从生态保护和维护河流的健康生命的角度来确立水利工作方针、原则和规划，正确处理好开发与保护的关系，把工作的制高点放在维护河流的健康生命上，不同的河流有不同的发育演变规律，面临不同的健康问题，必须因地制宜，抓住主要矛盾和实质问题，在发挥好河流的功能的同时，切实保护好河流，让河流为人民造福。②可惜的是，虽然部委高层看到这些问题，却受限于部门之力，无力推动整体改善。

再者，国内水资源的配置没有市场路径，没有供需双方的直接、平等的谈判，也导致调水等河流工程缺少真实市场价值衡量和筛选。相反，在配置过程中，政府或者相关部门，比如水利、发改、农业——是主角。如南水北调，中央政府决定上马这项工程，而被要求输出水资源的湖北等地，显然无法与中央政府甚至是水源输入地谈判，要求得到合理的补偿。加上国内大部分河流规划的基础资料已过时，不少中小河流基本没有规划，而河流已流血流泪，地方政府往往只盯着引水绕城、水电开发、沿江城市带开发、滨江地产开发等方面，丝毫没有考虑河流本身的健康问题。

因此，在制定或修订河流规划时，必须把握审慎的态度，抛弃传统的追求"综合开发"思路，尽可能的少规范或不规划河流工程，把维护河流健康，保障水资源可持

---

① 姚润丰．中国将用 3 年完成七大流域综合规划修编［N］．人民日报，2007－02－22（9）．
② 杞人．善待江河［N］．中国环境报，2006－03－30（4）．

续利用，支撑流域经济社会可持续发展作为规划修编的主线，同时在规划中划定保障河流健康的不可逾越的底线或红线。

比如，为保护河流健康，对于一些支流上对增加能源供给作用不大的中小水电开发，除电网无法延伸的地区需要建设必要小水电以满足当地用电需要外，务必要严格控制。对于大江大河干流除已规划且必须上马的项目外，原则上不再新增水坝或调水项目，不应为修路、建楼等原因而改变河岸滨线。

对一些地区水电开发从干流到支流，再到更细支流，遍地出现筑坝、修堤、渠化的现象，要认真调查总结该问题，积极调整规划，提出河流生态恢复中长期方案或规划。要考虑流域和区域的生态保护与生态建设需求，要给生态环境保护留出必要河段和水量，河流水电动能经济规划要向"绿色"规划方向发展。要统筹梯级水坝生态调度、过鱼设施、鱼类增殖放流和栖息地保护等工程补偿措施的布局和功能定位。根据规划河段生态用水需求，拟定生态流量泄放要求；结合梯级电站特点和鱼类保护需要，初拟过鱼方式和增殖放流，增殖放流应与栖息地保护结合，保障增殖放流效果。尽量避开水生生物洄游、产卵场所及珍稀动、植物分布密集区域和人口稠密地区，严格控制阻断洄游通道的项目。

6.1.3　规划权应具有独立性

国内河流流域与工程规划上还有一大弊端，即规划权往往不能独立行使，会受到经济利益的诱惑和浸透。

国内七大主要河流规划权实际掌握在水利部下辖的长江、黄河、珠江、松辽、淮河等各大流域委员会手里，而它们普遍辖有设计、施工、监理等研究院或设计院，经过近几年的事业单位改革，虽然名字仍大多为"勘探规划设计研究院"之类，实际已变身为"从事工程勘察、规划、设计、科研、咨询、建设监理及管理和总承包业务的科技型企业"。既是企业，逐利就是天性，当然会将河流工程规划的尽可能的多，尽可能的大，这样在后面阶段才能拿到更多"大标的"。各省市里的中小型河流情况也差不多，流域往往由各省水利厅做规划，各省水利厅下面普遍辖有勘探设计施工类企业，如湖北省水利厅下面就有水电工程团、水利水电勘测设计院等直属的赢利性单位。各河流工程开发企业为了项目更顺利地通过审查，当然也会投其所好，将项目交其设计。

而根据《工程勘察设计收费管理规定》第 5 条，"工程勘察和工程设计收费根据建设项目投资额的不同情况，分别实行政府指导和市场调节价。"国内各类工程的勘探设计费用往往与建设项目投资额成正比关系，再加上规划、设计和施工和水电站业主单位利益相连、交织，为了更大地获取即期、远期利益，迎合雇主需要，这些勘探规划设计企业的工作中极易发生两方面问题：

（1）流域规划中将尽可能多规划河流工程，以扩大未来的市场总量。这些流域管理机构的下属机构在以后流域开发中拿设计、施工合同中具有显而易见的垄断与裙带优势。

（2）由于勘探与设计费和工程的总投资估算额成正比关系，为按比例收费，勘探设计单位为了更多利润，在勘探、设计具体工程时会将规模尽可能的放大，以拿到更多勘探、设计费，这一点又恰好满足了水电站业主单位的需要，可谓心照不宣的"互利互惠"。

于是，这些规划设计单位，难免会藏一己之利，在规划、设计中让河流工程数量尽可能的多，规模尽可能的大。可惜潺潺河流不会说话，就这样生生被断了血脉，伤了经络。从制度上将这些设计单位与规划单位进行利益隔离，甚至割断，让规划单位不受利益干扰，于是成了目前当务之急。

6.1.4 规划应贯彻公众参与制度

古人对河流有敬畏感，同时看重河流的环境与精神属性，现代人更看重河流的资源属性，想的是如何最大限度开发利用。公众参与程度低是国内环境日益恶化的深层次原因之一。公众参与制度可以通过民主形式的组织在实体上起到决定河流工程建不建的作用。对生态影响巨大的河流工程建不建，理应符合大多数相关利益者的利益，贯彻公众参与原则。

2009 年出台的《规划环境影响评价条例》第 13 条规定："规划编制机关对可能造成不良环境影响并直接涉及公众环境权益的专项规划，应当在规划草案报送审批前，采取调查问卷、座谈会、论证会、听证会等形式，公开征求有关单位、专家和公众对环境影响报告书的意见。但是，依法需要保密的除外。有关单位、专家和公众的意见与环境影响评价结论有重大分歧的，规划编制机关应当采取论证会、听证会等形式进一步论证。规划编制机关应当在报送审查的环境影响报告书中附具对公众意见采纳与不采纳情况及其理由的说明。"虽然要求需公开征求公众意见，但相关意见的采纳权完全在编制机关手里，其完全可以搪塞了事或置之不理，且不会受到任何法律责任追究。

公众参与并不一定意味着河流流域和工程规划一定会被否决，在符合法律法规和流域规划的前提下，通过恰当的组织形式，让各方代表都能清晰发声，达到"清者自清，浊者自浊"的效果。对流域部分移民或经济社会组织来说，是希望有大型工程来拉动经济的，改善生活对他们而言是比完美的保护生态有着更现实的需求。更重要的是，让他们有途径发出真实的声音，有程序来归纳各方的意见，从而才能得出最终的结论。赞成怒江水电开发的官员专家就提出，不一定要把开发和保护对立起来看待，人与自然可以实现双赢，不能"自己享受着现代文明、过着舒适的现代化生活，却要求少数民族继续保留其贫困落后的'原生态'，作为博物馆的展品供其研究、欣赏。"

在国外不少国家，利益相关方通过听证会等方式参与决策是流域综合管理的基本要求，也是保障社会公平性的基本形式，能够增加决策的透明度，推进利益相关方的平等对话，从而促进事情的妥善解决。如美国、欧盟和日本等发达经济体，环境保护公众参与制度立法一般都体现几大特点：将环境知情权作为公众参与的前提条件；把公众参与权贯穿于环境立法、执法及监督的全过程；公众参与的方式多样、程序完善；公民救济权较完善。而我国的公众意见，能在多大意义上改变决策，尚需置疑和努力。

2004 年 10 月在北京召开的联合国"水电与可持续发展论坛"会议上，来自虎跳峡、漫湾、小湾、大朝山的 5 位大坝移民代表就向记者和与会者们发出了"还移民知情权、参与权和决策权"的呼吁，被称为是中国的移民代表第一次在国际会议上发出自己的声音。

在国内河流开发中，最弱势却又与河流关系最密切的，除了奔腾的河流，就是世代生活于河边的各族人民，尤其是可能的移民。虽有一些专家学者、环保主义者、社会组织偶尔会关注他们，自身却缺乏有效的表达的途径。从历史来看，除了三峡工程等极少数特例之外①，国内河流工程规划的决策和几乎所有经济建设领域一样，缺乏民主化决策基础，缺乏公众参与，呈现无序和"人治"主义，这在很大程度上埋下了隐患，导致以后的征地移民、建设、运营环节出现大量纠纷，会在较长时间内存在稳定隐患。

6.2　环评要强调规范性

6.2.1　河流工程环评不应突破法律

规划与环评，是规范河流工程修建的两只守门狮，缺一不可。

规划是做能不能建的计划安排，即使规划经过初审后计划要建，也需要环评来做具体分析把关。过程中必须摆脱经济利益至上的思路，要更多的考虑环境承受力和尊重原公众意见。怒江十三级水电站筹建时，民间反对声音巨大，时任总理温家宝审慎批示：慎重研究，科学决策。慎重研究的关键，应当就是应从是否科学规划、是否可

---

①　从 1955 年长江委进行三峡工程初步勘设，到 1992 年全国人大通过《关于兴建长江三峡工程的决议》，在三峡工程论证研究过程中，政府还是认真地对待和听取反对意见；即使是在"左"倾气氛浓厚的"大跃进"年代，也认真听取并且采纳了以当时燃化部水电总局局长李锐为代表的反对兴建三峡工程的不同意见。但也存在缺陷——对原住居民与移民的意见征集不足。

通过环评的角度来进行筛选与定夺。

2002 年颁布的《环境影响评价法》，将规划纳入了环境影响评价管理的范畴，明确 14 项规划要做环评，配套的《规划环境影响评价范围》则将水电开发等河流工程的规划正式纳入编制环境影响报告书的范围。

2005 年 1 月 26 日，环保总局联合国家发改委，发出《关于加强水电建设环境保护工作的通知》(以下简称《通知》)，要求"在水电开发规划、建设、运行和管理中严格执行环境影响评价制度"。应该说当时对河流工程，尤其是中小水电工程的蜂拥上马起到了一定的威慑与梳理作用。

但《通知》第 2 条第 2 款为，"考虑到水电工程位置偏远，'三通一平'等工程施工前期准备工作时间长、任务重，为了缩短水电工程建设工期，促进水电效益尽早发挥，在工程环境影响报告书批准之前，可先编制'三通一平'等工程的环境影响报告书（表），经当地环境保护行政主管部门批准后，开发必要的'三通一平'等工程施工前期准备工作，但不得进行大坝、厂房等主体工程的施工。"

地方政府普遍非常期盼上马大型工程拉动当地 GDP，《通知》实为大中型河流项目留下一个口子：投资巨大的大中型水电工程，如果占投资 20% 左右、甚至更多的"三通一平"完成了，在地方政府的强势下，弱势的环保部门如何抵挡？"帽子"还被书记、市长们拿捏着。开发建设企业多为国资性质，所用多半是银行贷款，几亿几十亿都花了，环保部门这时再想行使否决权、抽刀断水显然已不可能。

国内大多数水电项目是边干前期工作，边向环保部门申请审批环境影响评价报告。实际上，"三通一平"阶段已对环境造成较大影响，"三通一平"后，"进行大坝、厂房等主体工程的施工"在大势上已不可避免。因此《通知》中的第 2 条第 2 款实际上起到了促进水电工程前期工作随意、尽快开展的负面效果。

此外，河流工程环境影响评价还应前移到流域规划层次。目前进行的水电开发环境评价主要集中在具体项目层次，而在流域规划层面的所做环境评价，无论是管理制度还是技术与方法，都远不能适应当前流域开发的现状。单个工程对流域范围生态环境影响是有限的，即使像三峡工程那样规模的水电项目，也不会造成长江流域物种的灭绝，但如果全长江流域干流上都兴建水电站，梯级开发的叠加效应，却会对鱼类等生态资源带来毁灭性的影响。因此，环境评价应从流域开发总体规划的层面上进行，早期介入，缜密安排，程序规范，将介入点前移，在项目决策前的规划阶段，就将生态环境保护纳入流域开发目标体系中。

6.2.2 应结合公众参与制度

2003 年施行的《环境影响评价法》第五条中规定，"国家鼓励有关单位、专家和公众以适当方式参与环境影响评价。"第十一条规定，"专项规划的编制机关对可能造成不良环境影响并直接涉及公众环境权益的规划，应当在该规划草案报送审批前，举行论证会、听证会，或者采取其他形式，征求有关单位、专家和公众对环境影响报告书草案的意见。"均没有具体的细化规定。

2005 年 12 月，国务院《关于落实科学发展观加强环境保护的决定》中进一步规定："对涉及公众环境权益的发展规划和建设项目，通过听证会、论证会或社会公示等形式，听取公众意见"。强调了环境领域的公众参与制度，但仍缺乏操作性规定。

2006 年 2 月 14 日，国家环境保护总局颁布《环境影响评价公众参与暂行办法》，成为国内首个正式规范公众参与的文件，并以法规形式发布，规定了公众参与环境影响评价的权利、途径、方式、范围，一定程度上保障了公众的环境知情权和参与权。2009 年的《规划环境影响评价条例》、2014 年修改的《环境保护法》以及 2014 年底环保部出台的《关于推进环境保护公众参与的指导意见》都在一定程度上强化了此制度。如《指导意见》在落实措施上做出了规定，要求各地按要求制定工作计划，逐级落实责任，设置专门机构，并安排必要的工作经费。

——但在如何切实保障公众参与等核心问题仍没有明显突破，如公众参与制度得不到贯彻、或公众意见与规划权力机关的意见相左时怎么办？《暂行办法》和《指导意见》都存在缺少监督执行、责任追究规定的问题，若政府部门或业主单位不按照规定进行环境影响评价，或不按照法规规定的相关程序去进行环境影响评价审批，或采用欺骗、非法剥夺公众依法参与环境影响评价的权利行为，没有规定其所应承担的法律责任以及相关罚则。罚则是保障法规顺利实施的利剑，没有罚则的法律，等于没有法律，意味法律仍是一句空话。环保部门虽多次强调将对重大的环境敏感项目，要举行公众听证等形式，进一步加大公众参与力度。遗憾的是，各种办法或意见出台后，由于缺乏罚则等种种原因，在重大或不重大的环境敏感项目上，公众参与力度并没有得到"加大"，公众仍旧发声难、被采纳更难，大小河流工程依旧在加速、密集上马。

另外，《暂行办法》第 37 条的规定，"流域建设、开发利用规划"的编制机关，"在组织进行规划环境影响评价的过程中，可以参照本办法征求公众意见"，将河流工程公众参与主要确定在具体项目层次，整个流域的建设、开发利用规划中的公众参与，只是"可以"参照，当然也就"可以"不参照，不具有任何强制力，发布途径和方式较隐蔽，相关民众普遍不知道，规定就更易落空了。

所以，在法律、制度上强调与规范流域规划中公众参与的必要性与具体途径和方式，是加强河流健康保障的必有、必要之义。

此外，在环评的实际操作中，通常做规划环评的机构都是部委下属的科研院所，部门利益和企业利益、个人利益搅在一起，若环评通不过，环评机构将无法收费，环评人员连工资都无法发放，缺乏独立，也导致公众参与制度并不能在环评中真正落实，环评工作在很大程度上形同虚设。

相关链接：

2009 年 10 月 12 日 19 时，诺贝尔评奖委员会宣布将 2009 年诺贝尔经济学奖授予美国印第安纳州大学教授埃莉诺·奥斯特罗姆和美国加州大学伯克利分校教授奥利弗·E. 威廉姆森，以表彰两人对经济治理行为的研究。

在颁奖声明中，瑞典皇家科学院称赞奥斯特罗姆"打破传统束缚……对经济治理研究做出了卓越分析"，证明了公共资源怎样成功地由利用它的组织所管理。通俗来说，奥斯特罗姆证明的是，跟政府强加各项规章相比，当地社区可以独自更好地管理公共资源，比如森林、湖泊和渔场。"官僚有时并不掌握正确的信息，而当地居民和这些公共资源的使用者们知道"，奥斯特罗姆这样解释道。

6.3 建设类型与方式

6.3.1 限制建设类型与规划

一些河流工程改变了生态和自然景观，造成了许多不可逆转的伤害。在河流开发方案选择的评估和决策过程中，应着重考虑避免这些影响，把危害降至最小，源头控制是最经济最安全的做法。以修筑大坝为例，如果为了更多的发电和获得土地，将大堤修得高高的，把蓄滞洪区压得小小的，甚至取消，会使河道束窄在两堤之间，造成小洪水高水位，风险很大，或是将生态水流定的很小，更是对下游生态的大伤害。而开发单位从经济与库容最大化的角度考虑，往往认为，要梯级开发，就必须前一个电站的尾水接着下一个库的前沿，才能加大落差，不掉水头。

从国际上各大流域的经验看，大都十分注重因河制宜，从流域自然特征和地区发展的要求出发选择适宜的河流工程开发方式。比如，一般都在干流上游和支流上建高坝大库，在干流下游则建低坝和径流电站（如美国哥伦比亚河）。当航运要求比较突出时，则采取多级低坝，以渠化河道为主要目标，水电站为径流电站（如欧洲多瑙河）。有时为了减少淹没损失，增加开发梯级数，降低各级的淹没水位（如罗讷河）。北欧一些国家如芬兰、瑞典，湖泊较多，则利用天然湖泊作为龙头水库，下游各级多修成径流电站。还有的规划利用河流干支流流向平行、距离靠近但高差较大的特点，在干流和支流同时建坝，既可作为常规电站，又可分别作为抽水蓄能电站的上库和下库，进行蓄能和调峰（如日本天龙川梯级）。

具体到国内，应通过立法限制河流工程的建设类型与规模。

先说建设类型，以河流工程中的水电站为例，是将水的势能变成机械能，又变成电能的过程，其大致有三种基本建设方式：即堤坝式、引水式和混合式。

（1）堤坝式是在河道中建大坝，集中落差，有一定水库库容，电站就处在坝后附近。堤坝式中，又分高坝方案与低坝方案，低坝水电站中包括的径流式水电站，是按河道多年平均流量及所可能获得的水头进行装机容量选择。径流式水电站基本没有库容，来多少水放多少水，对河水流量不构成影响。

（2）引水式是完全利用河道的天然落差引水发电，无水库，无调节能力，电站处在下游较远河道上。

（3）混合式水电站是指电站利用的落差，一部分由筑坝形成，一部分是利用河道天然落差，有一定的库容，电站处在下游较远河道上的水电站。

从经济效益角度来看，小型水电站中引水式是最优的，但从生态的角度来看，河流堤坝式优于引水式，径流式又是堤坝式中的较优选择，亦即低水头优于高水头；许多中小河流由于坡陡流急河道弯曲，不需修建堤坝，直接裁弯取直就可获得高落差，使得引水式水电站在我国西南山区遍地开花，貌似经济，对生态环境却是贻害无穷，直接导致引入口以下大段河流干涸、河床裸露，所以最好不要搞引流发电，除非非搞不可。

再说规模。以调水工程规模为例，一般而言，调水工程的经济效益与引水量的多少成正比关系，但调水首先应考虑调出区的水资源承载能力及其变化规律。国际上通行的标准是，河流本身的开发利用率不得超过40%，调水量不得超过调出河流总水量的20%。如果超出，将直接导致调出区由富水区变成贫水区，并直接影响调出区的水资源承载能力。实际上，受来水量、流域人口、季节等影响，调水比例也不是一成不变的。因此，应建立水资源条件论证制度和环境评价制度，调整流域间水资源分配，维护流域间的水资源社会公平，才合理确定水资源配置的数量、结构和布局。科学合理的跨流域调水应考虑"先节水、后调水，先治污、后通水，先环保、后用水"。当然，不调最好。

就水电工程规模为例，大水电由于修建在大型河流上，水量相对丰富，发电后对大坝下游的影响要小于中小型水电，尤其要小于引水式中小型水电站。目前的政策却是对中小水电、对径流式水电站不利的，比如一些银行对中小水电项目贷款有着严格条件：如装机必须在1万千瓦以上，单机在5000千瓦以上；至少是季调节性电站；建设成本单位造价每千瓦不超过8000元等，径流式电站就根本无法贷款，有的商业银行贷款条件比这还要苛刻。①

---

① 正因为装机容量大的水电站更有利于贷款，不少投资者为了便于贷款立项，人为提高装机容量，湖北恩施土家族苗族自治州某县一电站原规划装机为3.6万千瓦，为了贷款便利，业主后来就将装机人为定为5.1万千瓦。

以上思路，可概括为：适时禁止调水项目；适度发展大型水电项目，限制发展中小水电项目，禁止建设引水式河流工程；水电开发应以径流式大坝为主；禁止库库相连，尽可能留出生态河段。

6.3.2 尽量避免硬化渠化河床

一条自然河道和滨水带，必然有凹岸、凸岸、深潭、浅滩、生态和沙洲，它们为生物创造了适宜的生境，是生命多样性的景观基础。动植物丰富的自然景观也显然比人工景观有更高的美学价值。

遗憾的是，为了修筑河流工程或想固堤封岸等目的，国内河流的河床被硬化与渠化，包括限制裁弯取直或只通过涵洞过水，已成了普遍现象。比如水利部门或城建部门会用百年一遇甚至五百年一遇的标准，高筑农村与城市的防洪堤坝，裁弯取直，结果只能适得其反，水流速度加快，洪水破坏力被强化，生物交互功能被消灭，河流自净功能降低，水中动植物基本无法生存。

以北京水系为例，过去是相对连通的，如颐和园与圆明园，圆明园与北京大学，北京大学与清华大学，长河与六海，六海与亮马河、通惠河、护城河等，互相连通，互相救助。水系只有连续才呈现出水之美，水只有活起来才能保持生命力。但如今由于水源的减少，各个尚称得上自然水面的地方，都采取自保的办法，用"防跑防漏"的高闸厚板把水封闭在领地之内。比如圆明园水系不再与北京大学水系连通后，北京大学的未名湖只能依靠地下水补充，其他的小湖自 2002 年以来就任其干涸。[①]

奇怪的是，国内至今没有任何法规对此做出禁止或规范性规定，反倒有一些科研课题是专门研究强化河流的硬化、渠化的，比如四川省交通厅交通勘察设计研究院安排有《山区河流渠化枢纽总体布置综合研究》之类课题，其成果还被"成功运用于四川省嘉陵江新政、小龙门、青居、凤仪场、金溪场等多个航电枢纽工程"[②]，不能不说是国内之一大怪现象。有学者指出，国内的城市河流治理存在三大误区，"其一，是把城市河流作为单纯的防洪工程来治理，建设了大量的防洪堤坝，把城市河流分割得支离破碎，人为阻断了河流的生态循环。其二，是河道的硬质化，使大量水生生物无法生存……"[③]这些现象却仍在蔓延，令人心痛，令河伤心。

我们理应从生态的角度，从水的本性，从人的精神需求角度去理解、感悟河流，只有这样，才能逐步做到善待生命之源，也必须通过合适的立法形式，来杜绝、至少

[①] 近年来，北京等城市开始觉悟，逐渐意识到河道硬化的弊端，比如对新治理亮马河等河流不再进行硬化，而是通过栽种水生植物、放养鱼苗等进行净化处理，尽量保持河流的原生态。

[②] 刘艳子. 为山区河流渠化无悔辛劳 [N]. 中国交通报，2006−02−21 (5).

[③] 冯永锋. 城市河流的生与死 [J]. 半月谈，2008，4：22.

是限制伤害河流现象的蔓延，严格落实物种栖息地保护措施，结合栖息地生境本底、替代生境相似度和种群相似度，编制栖息地保护方案，明确栖息地保护目标、具体范围及采取的措施。并鼓励不断恢复河流的自然流态，恢复河流本来面貌，让其回归生物天堂的本义。

6.4　水利节水的环保规划法规

节水是保障河流健康的另一方面。法规的导向、威慑、教育作用不容置疑，问题在于国内目前的法律体系，基本只在关注对水利工程兴建、对水资源利用的鼓励，却漠视了水利工程节水性的法制和制度要求。国内人均水资源仅为世界1/4，而水利工程浪费总量远大于居民生活用水浪费和普通工农业用水浪费，长期忽视水利工程的隐性弊端和巨大损耗，将对国内有限的水资源造成巨大损失。所以不应一味地强调多建河流或水利工程，应对工程建设实行严格审核与设计，对建成与在建水利工程强制节水，形成相配套的法规体系。

6.4.1　鼓励兴建水利工程的法规众多

兴建工程符合各级政府拉动地方投资和做大 GDP 的渴望，加上以前对水资源和河流健康的问题认识不足，使得国内鼓励兴建水利工程的法规或政策随处可见且层出不穷。

《水法》即以强调水资源开发利用、鼓励兴建水利设施为主，其不多的法律条文中，就有"县级以上人民政府应当加强水利基础设施建设""鼓励单位和个人依法开发、利用水资源""国家对水工程实施保护""国家鼓励开发、利用水能资源。在水能丰富的河流，应当有计划地进行多目标梯级开发"等诸多鼓励性条文。

行政法规同样一边倒的体现此政策倾向，如国务院 1997 年颁布的《水利产业政策》中，开篇之言即是"为了促进水资源的合理开发和可持续利用"，紧接着第 6 条中又强调，"国家实行优先发展水利产业的政策，鼓励社会各界及境外投资者通过多渠道、多方式投资兴办水利项目。在坚持社会效益的前提下，积极探索水利产业化的有效途径，加快水利产业化进程。"

政策层面同样如此，"发展水电""引水工程""兴修水利"是时光的随处可见的提法。国家"十五""十一五""十二五"规划或能源规划，地方招商引资或鼓励发展水电的诸多文件，都紧盯水资源的经济性，意图将具有能源与资源特性的河流变成持续的现金流，全然不顾水资源的环境属性。强调大干快上大中型项目，保发展、扩内需，对河流健康没有清醒与足够的认识。同时也出现了不少形象工程、腐败工程和豆腐渣工程。

相映成趣的是国家对水工程的保护却是非常重视，《水法》第 43 条专门规定了水利工程的管理和保护主体——"国家对水工程实施保护。国家所有的水工程应当按照国务院的规定划定工程管理和保护范围。国务院水行政主管部门或者流域管理机构管理的水工程，由主管部门或者流域管理机构商有关省、自治区、直辖市人民政府划定工程管理和保护范围。"就保护实践来看，河流工程的保护范围，一般不仅是工程本身，而且会将其上下游一定范围均划入限制进入的保护区。

2014 年 5 月，国务院常务会议决定加快推进节水供水重大水利工程建设，要求在"继续抓好中小型水利设施建设的同时，集中力量有序推进一批全局性、战略性节水供水重大水利工程，特别是在中西部严重缺水地区建设一批重大调水和饮水安全工程、大型水库和节水灌溉骨干渠网"，看来未来一段时间，主流思路仍是调水等治标不治本的老路。

6.4.2　节水性规划法规大多空洞

节水法规在法律体系中并不鲜见，却大多显原则性过强，或者说普遍大而化之，无实际操作性，其实为国内立法之常见病，或者说通病。

先看作为基本法的《水法》，总则中多处提到"规划"和"节约用水"：第 8 条："国家厉行节约用水，大力推行节约用水措施，推广节约用水新技术、新工艺，发展节水型工业、农业和服务业，建立节水型社会……单位和个人有节约用水的义务。"第 2 章有 5 个条款均涉及"规划"内容。如第 16 条：制定规划，必须进行水资源综合科学考察和调查评价。水资源综合科学考察和调查评价，由县级以上人民政府水行政主管部门会同同级有关部门组织进行。

《水法》第五章"水资源配置和节约使用"12 条法规，第 49 ~ 第 53 条为节约用水的内容，分别规定了"各级人民政府应当推行节水灌溉方式和节水技术""新建、扩建、改建建设项目，应当制定节水措施方案，配套建设节水设施。节水设施应当与主体工程同时设计、同时施工、同时投产。"

据《水法》第 14 条规定，"节约用水规划"也被列为专项规划范畴之一。[①]

此外，《清洁生产促进法》等法律，有多处提到节水的条款等。《水污染防治法》第 11 条，则对节水减排做了"采取综合防治措施，提高水的重复利用工作率，合理利用资源"的空泛规定。

行政法规或规章中，也对节水做了不少规定，如水利部 2002 年发布《开展节水型

---

① 《水法》第 14 条第 3 款：前款所称综合规划，是指根据经济社会发展需要和水资源开发利用现状编制的开发、利用、节约、保护水资源和防治水害的总体部署。前款所称专业规划，是指防洪、治涝、灌溉、航运、供水、水力发电、竹木流放、渔业、水资源保护、水土保持、防沙治沙、节约用水等规划。

社会建设试点工作指导意见》，2003 年发布《关于加强节水型社会建设试点工作的通知》①，国务院 2004 年发布《关于推进水价改革促进节约用水保护水资源的通知》等，但这些条文或规定本身，仍停留于"应当""开展""加强"等标语层级阶段，初出台时或许还有人瞅两眼，过个两三年，便陷入故纸堆，无人问津，也无人想得起。

6.4.3　水利工程节水的法律管理空白

由于只看到水利工程调控、利用水资源的一面，且观念上普遍存在"不缺水就不需要节水"的片面认识，未注意其影响水资源和生态健康，更未注意到水利工程建设与运营中存在着的大量水浪费，所以除了《水法》中等较原则规定，较难找到针对水利工程节水、具有实际操作价值的具体规定，至于相关责任追究规定就更少。

《水法》第 55 条和 71 条规定"使用水工程供应的水，应当按照国家规定向供水单位缴纳水费"和建设项目的节水设施没有建成或者没有达到国家规定的要求擅自投入使用的应"责令停止使用"和"处以 5 万元以上 10 万元以下的罚款"，不难看出，交纳水费的规定过于原则，而且不少水利工程均是在自然水域直接采水，影响的是自然生态，浪费水量虽大，却没有所谓的"供水"和"收费"单位；且处罚明显的轻，对于某些日采水数百万上千万立方米的大型水利工程，"5 万元以上 10 万元以下的罚款"实在不显威慑力和惩罚性。②

《取水许可和水资源费征收管理条例》③对取水需要加强统一管理、强化流域统一调度、避免水资源管理中的地区分割与部门分割也只做出了原则规定；提出要"依照行政许可法的规定，需要进一步明确取水许可的条件和程序，增加水资源配置的透明度，便于社会监督"。可如何"进一步明确"，却没有了下文，而且其主要针对是"取水"，并非侧重于水利工程的用水、节水等。

黄河水利委员会 2005 年发布的《黄河水权转换节水工程核验办法（试行）》是现行法规中少见的具有针对性且操作性较强的规范性文件，其作为国内第一个对水权转换节水工程核验进行规范的文件，对黄河水权制度建设进行了一定程度的突破，有一定积极意义。据其规定，节水工程核验意见是水权转换双方申请办理取水许可证或调整取水许可水量指标的依据之一。节水工程未经核验或核验不合格的，不予办理相应的取水许可变更手续。节水工程核验工作由黄河水利委员会同省级人民政府水行政主管部门组织。而节水工程核验应具备以下条件：工程投资已全部到位；节水工程已按

---

① 水利部 [2003] 634 号文。

② 《水法》第 53 条中还有规定：新建、扩建、改建建设项目，应当制定节水措施方案，配套建设节水设施。节水设施应当与主体工程同时设计、同时施工、同时投产。

③ 国务院第 460 号令，2006 年 4 月 15 日发布。

批准的设计文件所规定的内容和规模建成；节水工程已完成竣工决算；节水工程已经有关部门竣工验收，质量合格。①但其并非严格意义上的法规，只属规范性指导文件，施行范围也小，具体实施效果很难综合评判。

6.4.4 相关规划仅看重水资源可"开发"属性

国家发展规划或能源规划，地方政府招商引资或鼓励发展水利的文件，基本都盯着河流的资源性和高额稳定的税费特征，意欲进行效益最大化开发，基本不顾及河流资源的环境属性以及其自身的生态、健康需要。

2007 年国务院通过的《可再生能源中长期发展规划》即提出，要加快开发小水电资源，到 2020 年全国小水电装机容量达到 7500 万千瓦。

以兴建各类河流工程最多的长江流域为例，其最早形成的流域综合利用规划 1959 年出台，1990 年才进行了一次正式修编。为弥补修编未充分考虑生态环境问题等缺陷，长江水利委员会再次修编从 2007 年开始，2009 年完成，2013 年方获国务院审批通过，其为国内七大流域中首个通过国务院审批的流域综合规划，其他六大流域的类似规划至今未见踪影，更多无名小流域就更不用提了。前期工作薄弱，基本情况不明，治理目标和任务不明确，同时随着经济发展和人口增加，河流沿岸的城镇规模日益扩大，规划的难度越来越大。

2006 年以来，国务院办公厅为节水问题曾专门下发《关于推进水价改革促进节约用水保护水资源的通知》②《国家农业节水纲要（2012—2020 年)》等规定，无奈于各地关注点仍在 GDP 考核压力上，加之该《通知》本身缺少执行标准和力度，无法起到应有作用。

2009 年 10 月，水利部、财政部发布《全国重点地区中小河流近期治理建设规划》，规定"以中小河流防洪保安为重点，统筹考虑水资源利用和水生态保护，工程措施和非工程措施相结合，治理与管理并重……加快重点地区中小河流治理步伐，促进城乡统筹发展和社会主义新农村建设"，强调的仍是"水资源利用""城乡统筹发展"等，节水等河流生态保护措施并未纳入考虑范畴。

国家层面的《节约用水条例》虽已列入国务院立法工作计划，明确由水利部会同住房和城乡建设部、国家发改委起草，数次就草稿向社会征求过意见，由于分歧较大，导致至今未见踪影，类似例子在国内实在是较多。

---

① 节水工程核验的主要内容包括：节水工程的位置、建设规模及其内容是否符合经批准的有关文件要求；抽样检查的工程结构和工程质量是否达到设计要求；量水设施是否安装，其计量精度是否符合国家规范、标准规定；节水工程影响区地下水位监测设施是否布设；节水工程运行期维护管理措施和费用是否落实、可行。

② 国办发〔2006〕45 号文。

6.5　开发权有偿制与年限制

6.5.1　开发权应有偿取得

目前的水电开发模式，意味着任何一家企业，只要争取到水电开发权，就永久地取得了水能资源开发的使用权，源头和过程中都是免费。

具体而言，当前国内河流开发、尤其是水电开发权主要采用"两条腿走路"的并举模式：大型河流及其水电站，基本由大国企主导流域梯级开发；其他河流或中小型电站，则开放让民间投资建设。以水电站为例，无论可建规模大小，基本都是开发商无偿取得，其中大型电站由国家发改委指定或授权给大型开发主体；中小型水电站的开发权，即使有多家开发商争取，往往也会作为地方招商引资项目，不仅不收取费用，多半还会给出优惠条件、给实力相对较强或会跑关系的开发商。另外，有些开发商是股份或上市公司，比如桂冠电力；还有不少上市公司资产中包括多个水电站，比如大唐、国电公司。它们作为上市公司，为支撑股价、迎合股东和股民，必须追求业绩持续增长，加大对河流工程的运营效能和程度，即更多的利用水能，一定程度上也与河流健康理念相冲突。而调水工程，基本都属政府行为，以民生工程的名义忽略了水源、生态、移民等成本。如此会导致以下主要问题：

（1）河流开发权无偿被开发商获取，不能体现河流真实价值；

（2）成本与收益不匹配，失去建立河流生态恢复费用或基金的机会；

（3）没有许可证制与年限制等权利设计，河流工程无法通过流通体现价值；

（4）开发商获得资源后囤积居奇，久不开发；

（5）开发商无法进行竞争，容易滋生腐败与低效。

因此，应通过经济手段进行筛选，同时积累生态恢复费用，激活各方参与积极性，使开发权限能够得到市场定价，并实现自由流转，实现资源的优化配置，建立河流开发权有偿竞价转让无疑是最佳方式。通过转变发展思路，从过去强调水能的充分利用，转变为有限、有序、有偿开发水能资源，要在河段上留有充分的余地，不能"挤干榨净"地开发。

国内有些地区已进行过相关试验，如早在 2002 年，江西省上饶市铅山县首例水力资源开发使用权拍卖时，在国家对水力资源所有权不变的前提下，进行资源开发、使用权的有偿转让，最终江西铅山私营企业祥龙煤矿以 130 万元的价格拍下该县石塘水江东源支流 50 年的水力资源开发使用权。[①]

---

① 谢元鉴. 江西首例河流水力资源开发权成功拍卖［N］.中国水利报，2008-11-21（6）.

水电资源丰富的重庆市，2006年与2007年分别制订了《重庆市水电开发权出让管理办法》《重庆市水电开发权出让实施细则》，确立了"水电开发权出让安装机规模，实行分级管理""采取招标等竞争方式"的具体有偿出让办法以及"受让人完成项目总投资额25%的，经出让实施部门同意，可以将水电开发权转让给具有相应资质和能力的水电开发企业"的流转办法。

除了河流的水电开发权，包括水上娱乐项目经营权的其他项目，同样可以有偿取得机制，比如新疆库尔勒市孔雀河水上娱乐项目经营权，就设计了招标程序，后由东北一家公司中标。

2010年11月，财政部、国家发展改革委、国家能源局联合颁布了《关于规范水能（水电）资源有偿开发使用管理有关问题的通知》，以不得加重企业负担的名义，要求"不得以水能（水电）资源有偿开发使用名义向水电企业或项目开发单位和个人收取水能资源使用权出让金、水能资源开发利用权有偿出让金、水电资源开发补偿费等名目的费用"，禁止了有偿出让方式，令人遗憾，河流开发权的有偿出让和向企业乱收费完全不是一回事，有偿出让是制度设计，企业在竞争开发权时自然会做好测算和选择。乱收费是不按制度来，企业无法预计和选择，一个属事前，一个属事后，不具有可比性，三部委的"一切断"方式值得商榷。

需留意的是，如何评估确定合理的资源转让费是个难题，如果开发权有偿取得的价格过高，可能造成电站建成投产后无利可图，难于生存，进而根据不理会生态调度的理想，并影响投资者的投资积极性和河流后续健康问题；价格过低，则不能体现资源真正价值，导致河流健康问题同样得不到真正重视。一般而言，河流工程开发权招标出让在确定合理底价后，中标者的确定可参照其他工程招标做法，进行竞拍，然后以竞拍价在此范围内的为入围者，结合竞投业主的资信度等综合打分，以得分最高者为中标者。①

6.5.2　设定开发年限

水利部曾在调研过程中发现，一些在20世纪50—60年代建设的规模在100千瓦左右的水电站，过去发挥了不可或缺的供电作用，如今在权衡其作用和生态影响后，应属于被淘汰对象，但由于电站的水能资源开发使用权是永久的，在做出让其退出运行、恢复生态的决定时没有法律依据支撑，或者，要付出极其昂贵的赔偿、补偿代价。

在《水法》第7条，规定了："国家对水资源依法实行取水许可制度和有偿使用制

---

① 阚喜森．水电资源开发权的有偿转让［J］．农村电气化，2008，6：13.

度。"规定了"取水"要实行"取水许可制度和有偿使用制度",却没有规定对用水电工程和引水工程实行"有偿使用"制度。

实际情况是,国内河流工程,尤其是水电开发或引水工程的业主单位一旦取得开发利用权,除了经营性资产在运营过程中需交纳水资源费等一定税费外,是没有开发年限的,对造成的环境影响与生态影响方面也是无须支付补偿,一坝建成,永久获利,这也是河流开发者们跑马圈河、筑坝引水调水的重要原因。不讲流域规划,盲目招商,盲目圈地,导致国内河流资源被无序乱开发,且失去退出机制。

欧洲许多国家法律规定每座坝的运营要有执照,最长 50 年,到期要更换执照。坝主申请新的执照需要通过新的生态环境和安全审查。许多在 20 世纪初期修的坝因不能达到现在的标准被勒令拆掉。

美国国会 1920 年通过了联邦水电法(Federal Water Power Act),授权联邦能源委员会颁发水电开发许可证(该委员会的功能于 1977 年由美国联邦能源管理委员会 FERC 所接替)。大坝许可证有效期一般为 30~50 年,到期后需要经过严格的评审(包括环境影响评价)后重新申请注册。20 世纪 90 年代,美国许多早期建设的水电站进入了新一轮的许可证申请程序。美国土木工程学会(ASCE)能源部水力发电专业委员会专门编写了《大坝及水电设施退役导则》。美国很多坝由建坝公司自己拆掉,因为要考虑继续运营的成本。如果按法律要求恢复生态需要更大成本的话,当然会选择拆坝。在许多时候,拆坝会得到州政府的支持,生态、环境景观等专家会参与到拆坝后河流恢复的规划中来。

借鉴西方国家的成熟做法,通过行政法规或部门规章形式的立法,对国内河流工程设立许可制与年限制,至少有以下几方面的意义:

(1)规范水电开发市场,促使开发、建设单位在经济上提前算好账,扼制盲目建设河流工程;

(2)根据实力与经验等,对河流工程建设主体进行筛选,避免半拉子工程等问题出现;

(3)避免若干年后因拆除河流工程时要给予巨额补偿或出现"钉子户",适应人类对环境生态认识不断进步的需要;

(4)避免业主单位建造伊始就按照最大投资模式或"榨干用尽"的运营模式来规划,有了年限设定,将会产生边际效应,不再是投资越大、装机越大、效益就越好;

(5)年审、若干年一次的重审将促使业主单位不断加大投入,不断关注生态,以达到年审、重审时逐渐提高环评等标准,并会在得不偿失时主动拆除大坝。

案例：

福建闽清3农民告赢县计划局：撤销水电站立项

因担心水电站上马，将影响基本农田的农业生态环境，闽清3位农民把批准该水电站立项的闽清县发展计划局告上法庭。

日前，福州市中级人民法院终审判决，撤销闽清县发展计划局做出的该项目批准立项通知。

据悉，闽清濠江水电站，拟在闽清县东桥镇南坑村原南坑水电站旧址，建设东桥濠江水电站，电站取水利用东桥南坑平洋溪、杉村溪、新桥溪三条溪的水源。

这3位农民认为，这势必影响到新桥溪和杉村溪下游基本农田的农业生态环境。他们认为，国家已实行强制性的建设项目环境影响评价制度，因而在立项前，必须进行环境影响评价。

原告因此向一审法院提起行政诉讼，法院根据《中华人民共和国环境影响评价法》第二十五条规定"建设项目的环境影响评价文件未经法律规定的审批部门审查或者审查后未予批准的，该项目审批部门不得批准其建设，建设单位不得开工建设"。

为此，判决撤销闽清县发展计划局做出的批准立项通知。但第三人闽清濠江水电站不服提起上诉，福州市二审依法做出驳回上诉，维持原判。

附 水利工程环境处理和社会保护十项原则

（1）强制移民：无移民或很少。如有移民，适移后应能迅速提高生活水平。仅保持原有生活水平还是不够的

（2）泥沙：发电能力不得因为泥沙淤积而减少。水库的寿命应大于贷款偿清期限。50年的发电寿命不足以抵偿环境的损失

（3）渔业：渔业不应受损，应当尽可能利用形成的水库加以发展

（4）生物多样化：物种不应减少。任何物种都不应灭绝。鱼类迁徙洄游不应受阻。如果野生动物的生存空间受到侵蚀，则应设法补偿

（5）征地：应保证发电效益能补偿农业减产。移民失去的土地应得到等效的土地补偿

（6）水质：应保证水质不受损害。水草、腐殖质应受到控制。应监控有机汞和含磷物的产生。只是清理流入水库污水还是不够的

（7）下游水利：应防止对下游的损害（灌溉、土壤肥力、洪泛耕作、畜牧饮水、生态系统等）。还应注意放水适度

（8）卫生：人民的健康不应下降。有些水电项目曾引起或加剧了疾病流行。特别是疟疾、血吸虫病和日本乙型脑炎

（9）地方文化和景观：应避免地方文化财富和景观的损失

（10）温室效应：温室效应应低于火电

第7章 河流工程运营法制化管理的健全与完善

7.1 生态运营原则

生态运营，简单来说就是通过流域或工程的优化调度，努力模拟河流工程建设前的河流自然流态，包括流量、洪水、枯水、流速等各方面，最大好处是能维持和改善河流尤其是河流工程以下河段的生态系统。是人类对受到侵害的河流进行修补的主动行动，是人类对自身行为的主动自律，也是人类对自身发展与自然保护关系认识的理性回归。

花费巨大的河流工程一旦建成，将会长时间、持续运营，运营期间，通过生态调度原则的合理确定与设置，处理好生态流量与防洪保安、供水保障、发电效益，发挥水资源的综合效益、实现多方共赢的关系，从而起到维护河流健康的作用。

以引水工程为例，引入地往往都是经济繁荣的大中城市，而引出地大都是相对偏僻人口密度较小的山区，为了大中城市需要，引水部门或单位往往会以"更多数人的利益"或发展经济名义大肆引水，却忽视引出地的生态用水需要，导致引出地河水枯竭、河床裸露，鱼虾蟹等生物种群也因失去生存环境而不断萎缩或死亡。

如为解决黄河水量紧缺、长期断流的矛盾，国务院 2006 年 8 月颁布了《黄河水量调度条例》，《条例》规定"国家对黄河水量实行统一调度，遵循总量控制、断面流量控制、分级管理、分级负责的原则。"国内第二大内陆河黑河，也从 2008 年起开始探索实施生态调度，"将更加注重研究流域内胡杨林、草地等生态系统的演变规律，根据其生长需求进行更加精细化的调水灌溉，使河流有限的水资源发挥最大的生态效益、社会效益和经济效益。"①

---

① 朱国亮. 我国第二大内陆河今年起开始探索实施生态调度［N］.人民日报，2008-03-12（7）.

著名的三峡工程也开展了相关试验工作，2008 年，针对四大家鱼自然繁殖与三峡工程生态调度前期研究的科研项目，经过加强对长江四大家鱼早期资源调查、自然繁殖的水文学机制和繁殖期间四大家鱼产卵场断面水文、水力学特征研究，进一步复核了三峡工程运行调度对长江四大家鱼繁殖的影响，对"人造洪峰"调度保护长江四大家鱼自然繁殖的必要性和可行性进行初步分析。另外，除了针对鱼类资源外，三峡电站还实施了针对下游的生态补水等调度安排，使下游补水能力大大增强。三峡试验性蓄水有效改善了长江中下游的用水条件，沿江城乡用水得到了较好保证，长江入海口咸潮也未对上海用水构成影响。

由于河流生态与环境的复杂、人类活动影响的长期性和累积性，以及每条河都有各自特性和生态环境敏感问题，在开展生态运营时一定要多留余地，在实践中要注意长期收集资料，注重区别对待。

7.2　生态调度规则

生态调度规则，是生态调度原则的下一级规范层次。应恪守生态流量和最低流量的底线，在每一个流域或河流工程，通过条例、办法等立法形式，调整原有经济效益为先、引水或发电效益第一的调度模式，减小河流工程对生态的影响，保证合理的下泄生态流量；规定河流工程的防洪调度以及汛前消落期、汛后蓄水期和枯水运用的水量、流速、泥沙调度，采取多水库联合调度方式保持水库及下游水质，采取人造洪峰保护水生生物及鱼类资源；对湿地、湖泊进行人工补水等，以达到流域水资源开发与保护流域健康的生态系统相协调的目的。

设立调度规则，需要根据河流本身的特点和规律，从制定各大流域骨干河流工程的调度条例开始，逐步规范大中小型水库或调水设施的调度模式和规则，比如根据已有水文资料整理出的河流的天然流态，在调度中人为地制造洪水与枯水，保持正常的生态流量，并避免更多的低温水下泄，更大程度上适应健康河流的内在需要。对引水工程而言，就要设置封顶引水量，保证引水地的基础生态流量。

以黄河为例，曾不断出现断流现象，1998 年底，国家计委、水利部联合颁发了《黄河可供水量年度分配及干流水量调度方案》和《黄河水量调度管理办法》，并确定黄河水利委员会为统一管理和调度黄河水资源的执法主体。1999 年 3 月 1 日，黄河水利委员会发出第一个调水令，黄河水资源统一调度的帷幕拉开，10 天后的 3 月 11 日，黄河开始恢复过流，万里黄河再度奔向久违的大海。

2006 年国务院颁布了《黄河水量调度条例》，是黄河水量调度更高层次的立法，规定"实施黄河水量调度，应当首先满足城乡居民生活用水的需要，合理安排农业、工业、生态环境用水，防止黄河断流。""黄河水量调度实行年度水量调度计划与月、句水量调度方案和实时调度指令相结合的调度方式。"在分配程序上，规定"黄河水量分配方案，由黄河水利委员会与十一省区市人民政府会商制定，经国务院发展改革主管部门和国务院水行政主管部门审查，报国务院批准。"两年后，黄河水量调度的功能目标已体现在经济用水、输沙用水、生态用水、稀释用水四个方面。

再以三峡工程为例，2008 年 11 月 3 日，水利部出台了《三峡水库调度和库区水资源与河道管理办法》①，规定"三峡水库的发电与航运调度应当服从防洪调度""三峡水库的水量分配与调度，应当首先满足城乡居民生活用水，并兼顾农业、工业、生态与环境用水以及航运等需要，注意维持三峡库区及下游河段的合理水位和流量，维护水体的自然净化能力"，虽然有些提法不妥，如对三峡工程的调度只规定在"注意维持三峡库区及下游河段的合理水位和流量"较低层面，但至少已在向相关方向努力。

而泰国的拉西塞莱电站，由于当地原著居民不断抗议，从 2000 年开始，泰国政府放弃此电站原以发电为主的调度模式，同意每年有 8 个月放开大坝闸门，只留 4 个月发电，以保证鱼类在产卵期自由往来，一些产卵区域的河流生态环境得以保留，流域里的湿地不再干涸，下游的水田能够灌溉，水鸟和鱼也渐渐回来了。

还有调水工程，以老牌资本主义强国美国为例，其兴建跨流域调水工程要经过国会或州立法机构的批准，且必须按批准的计划实施，任何单位和个人都不得违反，经批准的规划具有很强的法律约束作用。每建设一个工程，一般都有一部相应的具体法案，从工程立项、投资、建设到运行管理及投资偿还等全过程都有严格的法律加以约束、规范和保证，有效的立法和严格依法办事是美国跨流域调水工程建设与管理获得成功的重要保证。此外，美国跨流域调水工程都由政府统一组织建设，并负责工程的运行管理。社会团体和个人可参与工程集资，但私人不允许直接建设和管理。这些都值得我们在"风起云涌"的引水浪潮中好好学习。

7.3 动态调整机制

河流工程的规划和设计、运营体系不应被人为固化。因为随着经济、科技、人口等要素的变动，对河流资源的需求会不断变化，加上河流来水每年变幅很大，可能今年是 50 年一遇的洪水，明年是 100 年一遇的枯水。社会与自然变化的不确定性，导致河流工程建设、运营的原则、规则都需要动态调整，进行"适应性管理"与立法。

---

① 水利部自己出台《办法》，并规定"水利部负责三峡水库水量的统一调度和库区水资源与河道管理的监督工作；长江水利委员会按照法律、行政法规规定和水利部的授权，负责三峡水库水量的统一调度和库区水资源与河道管理工作"，由于调试还受到船闸用水等方面制约，而且水利部与长江委无法有精力与人员"负责三峡水库水量的统一调度和库区水资源与河道管理工作"，似有不妥。

比如在构建河流多参数生态需水体系（最小生态需水、适宜生态需水、洪水期生态需水）的基础上，随着更多的可再生能源进入实际运用阶段，或随着人口逐步下降导致用电量的下降，需要重新考虑发电、调水与河流工程的关系，就发电与生态调度的关系而言，在社会用电紧张时期，在保障基本河流生态流量的前提下，水电站的发电功能会被着重考虑，但在电力过剩，可再生能源不断出现的情况下，河流生态功能的恢复程度就要重新考虑。即除了保障基本生态流量，还需要尽可能模拟河流原来天然流淌状态下的记录来制造人造洪峰，甚至在运营年限到期以前，拆除河流工程，恢复河流的天然状态。建立动态调整机制，应考虑建立以下原则：

（1）确立指标分类、细化的生态目标；

（2）在保证生态流量基础上，考虑制造人工洪水脉动与枯水；

（3）建立流域联合调度机制，可以在不增加河流工程基础上，提高利用效率；

（4）先尝试单个河流工程的生态调度，再实现多个河流工程的联合调度，最终实现流域生态调度；

（5）先保证生活用水和生态用水，再考虑农业、工业、发电、航运用水；

（6）动态调整应与许可证制、年限制度结合起来，便于政府宏观调控；

（7）建立第三方主持的生态监测评价与审计体系。

7.4 中期评估、后评估制度

如果说动态调整是河流工程调度与运营的经常性工作的话，中期评估与后评估就是河流工程阶段性评估与总结，两者均是在贯彻实践标准，通过评估总结经验教训，持续改进河流工程管理调度方式，甚至拆除河流工程，以更好地保护和促进河流健康。

我国《环境影响评价法》规定，对环境有重大影响的规划实施后，编制机关应当及时组织环境影响的跟踪评价；在建设项目建设、运行过程中产生不符合经审批的环境影响评价文件的情形的，建设单位应当组织环境影响的后评价[①]。即对规划要进行跟踪评价，对项目要进行后评价，实际上对规划的环境影响跟踪评价和对建设项目的环境影响后评价，都属环境影响中期评价或后评估范畴。

由于河流工程对环境影响的复杂性，比如大中型河流工程修建后带来的水生物数量变化、下游入河口三角地的变化等，事先很难预测和判断。有的河流工程建成后，原有生态系统对新环境的适应程度等，事前很难准确、清晰地定量化预测。实践中，由于河流工程的社会与生态负面影响不好量化，不少社会的、精神的、文化的、生物

---

① 《环境影响评价法》第 15 条、第 27 条。

的、生态的损失常常就被忽略不计，由此便大大"降低"了建设河流工程的社会成本与生态成本，使得一些本不该建的大坝与引水工程得以通过评估。

目前，对一些大型河流工程的中期和后评估制度已在试行。以国家工程——三峡枢纽工程为例，国务院三峡工程质量检查专家组在对三峡工程检查时，审慎提出建议做中期评估，得到国务院批准，后由中国工程院组织了具体实施，专家组组长潘家铮院士认为"对三峡工程做中期评估和后评估是很有必要的。有许多问题确实是过去没有想到的，比如说，今后长江上游将形成巨大的水库群，如何统一联合调度，以取得防洪、发电、航运、生态等多方面的综合效益，就是一个大问题、新问题，将来恐怕要有一个综合性的、有权威的机构，把长江上的三峡工程，金沙江上的向家坝、溪洛渡、白鹤滩、乌东德、虎跳峡，还有大渡河、雅砻江等河流上所有大型水电站，从高的层次上进行统筹考虑，科学合理地调度。"①

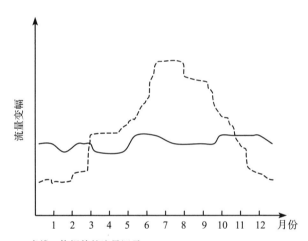

虚线：修坝前的流量记录
实线：修坝后的流量记录

图7.1 筑坝前后河流变量常见变幅示意图
（筑坝前流量随季节变化较大，筑坝后流量基本无变幅，这样的调度模式最有利于发电）

当前的体制机制问题也直接制约环境经济政策体系建设。在环境法制评估等方面，某些领域尚存立法空白，环境监管制度内容交叉重叠，对环境违法行为惩罚力度小，约束政府行为的法律制度不完善，环保社会监督的法律机制不健全。近几年，国家环保部门也在着力推进环境后督察和后评估机制。从流域限批开始，环保部门对责令停

①　赵文洁. 潘家铮：坚持水电开发的可持续发展［N］.中国三峡工程报，2009-03-17（6）.

产整顿的污染企业定期进行督察，对于通过环评审批的企业是否兑现环保承诺进行抽查评估。

对一些有重大环境影响的河流工程项目，进行环境影响中期评估与后评估，也因此变得十分必要。比如，以下类型的河流项目应在工程建成运行一段时间后进行中期评估与后评估工作：

（1）建设地点环境敏感、跨区域、民众反映强烈的大中型河流工程项目；

（2）建设前就可预知对水质、地质、渔业资源、生物多样性等会有较大潜在影响，但要事后才能相对准确检验实际影响的河流工程；

（3）调水、引水工程实施一段时间后对水源地的生态影响；

（4）所有引水式水电、水坝项目。

第8章 河流工程管理法制化管理的健全与完善

8.1 健全管理体制

河流工程中的引水、水电、堤岸等工程管理主体往往涉及流域管理机构、水利、环保、电监、能源、航运部门、电网公司和开发企业，各管一块，有责的无权，颇为杂乱。

如调水工程包括现有水源和调入水源，往往跨越不同的行政区，管理主体更是庞杂，涉及流域管理机构、水利、环保、城建、航运、农业等部门以及自来水公司、开发企业等，存在着管水量的不管水质，管水源的不管供水，管供水的不管排水，管排水的不管治污，管治污的不管污水回收等现实问题。

2002年，《水法》进行了修订，第12条规定国家"对水资源实行流域管理与行政区域管理相结合的管理体制。国务院水行政主管部门负责全国水资源的统一管理和监督工作。国务院有关部门按照职责分工，负责水资源开发、利用、节约和保护的有关工作。县级以上地方人民政府有关部门按照职责分工，负责本行政区域内水资源开发、利用、节约和保护的有关工作。"

此管理体制规定看似具体，确定的是"流域管理与行政区域管理相结合"，实际上却是含糊其辞，执行起来存在以下问题：

首先，流域管理机构与行政区域管理者并没有很好地"相结合"起来，也没办法"相结合"，地方政府看重是局部利益和短期政绩，在经济发展和工业布局上不会过多考虑河流生态问题，或者最多认为不严重污染即可，对引水、水电等项目则往往认为多多益善。

其次，"有关部门"是哪些，哪些部门"负责水资源开发、利用、节约和保护的有关工作"，法律条文规定不明确，到了实践中就会无人管理或相互扯皮。从目前政府组成部门来看，水利部门、能源部门、环保部门、农业部门、林业部门（主要是保护湿地），似乎都与水资源的"开发、利用、节约"有相关性，主司"保护"工作的环保部门，主要只是关注和保护水质，花的心血倒不少，保护的效果却不明显，倘若给其再加上河流生态保护的职责，更是勉为其难。

再次，只规定"水资源"的管理主体，对河流工程的管理部门并没有明确。河水是水资源的一种表现形式，所以河水由水行政部门也就是水利部门"管理和监督"显而易见。但是，河流作为自然界的宝贵资源，除了河水之外还包括河床、河中生物、滨岸等要素，并非属于"水资源"；而河流工程，虽以水为运营对象，却表现为大坝、引水洞渠、堤岸等，就更不属"水资源"的表现形式。它们在运营中严重损害河流健康时，究竟是水利部门、能源部门、还是渔业部门来管，并不明晰。

最后，各个河流工程业主单位性质、权属不一，水利部门只能主管"水资源"，《防洪法》也只授予其汛期对河流工程的调度权，使得河流工程日常管理主体的科学界定也就变得非常困难，主体不定，权限就不明，管理对象也就不清楚。

此外，国务院或各省级政府为一些大型河流工程专设了建设管理协调机构，如南水北调工程，国务院成立了南水北调工程建设委员会办公室，即南水北调办，为与水利部同级的正部级专设机构，虽然对工程建设有利，却导致今后运营和生态管理中的主体管理问题含糊不清。

以南水北调工程由谁负责运营为例，2003年8月国务院批复南水北调办"三定"方案，"南水北调工程的前期工作和工程建成后运行的行政管理职能，则由水利部承担"（国办发〔2003〕71号）；2008年7月，国务院在批复水利部新的"三定"方案中再次明确指出，南水北调工程……建成后运行的管理职责由水利部承担（国办发〔2008〕75号）。

而2014年2月，新公布的《南水北调工程供用水管理条例》第四条表述为："国务院水行政主管部门负责南水北调工程的水量调度、运行管理工作。"《条例》第六条则指出："国务院确定的南水北调工程管理单位具体负责南水北调工程的运行和保护工作。"那么，水利部作为国务院水行政主管部门，将负责南水北调规模调工程水量调度方案的制订、监督和管理等。设计和施工由南水北调办负责，运营却交给了水利部，这直接导致设计、施工、运营、评估环节的割裂，实质上不利于工程节水和水源地的河流保护。

此外，管理机构部门、人员过多，实践中相互牵制，导致效率低下。以水利部下派的七大流域管理机构来说，仅长江委、黄河委系统就各有两万多人，与国外流域管理机构数十人的人员设置形成鲜明对比①，而且长委、黄委"虽然机构庞大，人员众

---

① 如欧洲，工作卓有成效的莱茵河国际保护委员会由九国官员组成，12个名额，只有秘书处一个常设机构，下设3个常设工作组和两个项目组，即水质组、生态组、排放标准组、防洪组、可持续发展规划组等，并把自来水、矿泉水公司等一些对水质敏感的企业组织了进来。

多，但是由于历史原因，擅长的是兴修水利、防洪和搞大坝建设。更重要的原因是流域内各地方政府或与水相关的各个群体没有参与到水的管理中来，因此水利部门的流域管理机构很难起到组织协调的管理作用。"①

因此，要想真正实现河流工程有效管理监督，必须在现有基础上进行管理机构改良，并考虑在立法中确立以下原则与制度：

（1）明确河流开发的审批权应在省级部门。河流不同于一般性资源，其资源性、独特性与稀有性决定了河流管理应当适度收权。具体而言，除了履行环评等必经程序，大型河流工程的规划与审批，应由水利部、环保部等部委审查，国务院审批同意后再授权。中小河流开发的主导权、审批权应至少在省级主管部门，即各省水利厅等。河流开发商并应在设计、施工、运营各阶段严格遵守法规，接受监管。国内现况却是，中小河流往往是市、县级政府招商引资的存量或优质资源，是可以随意揉搓的面团，只要有商来、有税收，面团是做成包子还是馒头基层政府是不大会计较的，并会在环评、移民中大力配合，促进工程上马和运营，甚至在不少地方，小水电站的投资者就是水利部门的官员或干部职工。

从国外情况来看，河流开发建设机构则大都是经过立法机构或政府主管部门授权批准，不能各行其是。如田纳西流域管理局是美国国会授权，罗讷河国有公司是法国政府授权，科罗拉多河的开发是由美国国会授权垦务局，开发方案经国会讨论通过、总统批准。② 1995 年 6 月，日本建设省也专门成立了"水坝审议委员会"，对当时规划的全国 11 座水坝进行了"终止、变更、继续"的重新核查。

（2）设立更高层级的流域管理机构。大型河流的价值日益体现，流域管理不再是简单的水资源利用分配，还涉及流域内经济协调发展、产业整体布局、水电和航运规划、各利益方的协调与沟通等难题。流域机构不能类似今天的长江委、黄河委，只是政府部门的派出机构，层次明显偏低，又属事业单位，即使做出决策或执法，流域内的行政官员们也难以听命，在强势的地方诸侯面前没有底气和手段。更合适的方式是由国务院牵头，水利部、环保部、航运等部门与沿江各省市领导人参加，设立新的协调机构作为日常管理机构，才能扭转目前长江、黄河、珠江等七大河流管理中存在的条块分割、各自为政以及互不协调的局面，以解决目前河水、污染、河床、航运、河流工程等河流要素分置、分割状态，随着河流生态与水资源形式的日益严峻，客观要求也会越来越迫切。

（3）应赋予流域管理机构较大权限。这是无奈中的现实之选，因为国内各大流域

---

① 单之蔷. 休闲的莱茵，疲惫的黄河 [J]. 中国国家地理，2008，11：33.
② 有些国家会根据规模大小将河流进行分级管理、分级授权。如法国，其水资源管理机构就分为国家级、流域级、地区级、地方级和国际级共五级，在相应的具体流域范围内，由流域机构进行管理。

的水行政管理机构和水资源保护机构并存，河流水资源的流量、水质两方面管理被人为地分割；流域内大中型供水及引水工程分属不同地区和部门管理，尚未形成流域统一管理和区域管理相结合的管理体制，利益相关方参与不足，用水方之间缺乏横向联系，没有形成权威的流域协商决策和协调议事的机制，公众权益得不到保障，人类工程建设能力日益强悍；水资源竞相开发、分散管理的问题较为严重，流域机构缺乏强有力的约束机制和管理手段，难以对流域水资源的开发利用实行有效监督，不能对全流域水资源实施全方位统一管理。

而国外流域管理机构权限一般较大，值得我们效仿，如美国田纳西流域管理局（TVA）和英国的流域管理机构是法律赋予很大行政管理权的主体，西班牙的流域机构更是国家机关。我国水利部下属的各流域委员会只是事业单位，没有严格意义上的执法权，还在不少关联企业在流域工程的设计和运营中牟利，在强大的部委和地方诸侯中软弱无力，在河流工程上却追求千丝万缕的利益共享，导致河流生态保护处处受掣肘，非常不利于河流健康保护的实现。因此，现有流域管理机构下属的营利性企业应从流域机构中剥离出来，并完全脱钩，避免与被管理对象有利益一致或牵连关系，从而保证决策的公立性，并回避置疑，这显然也是实现法治的应有之义。

8.2　完善管理立法

依法治河、依法治水、依法管理河流工程，是法治社会的必然要求，涉及流域管理立法的依据与模式的选择问题。

管理依据的选择，主要是指对河流工程规范的立法是选择集中立法还是分别立法；如果选择集中立法，是制定适用相对广泛的生态类保护法来囊括河流健康保护，还是制订定门的河流类生态保护法。

近年来，许多国家通过修改立法，推行以流域为基本单元的管理。有的国家采取单一河流立法模式，如美国《田纳西流域管理局法案》《特拉华河管理协定》《下科罗拉多河管理局法》，新西兰《怀卡托流域管理局法》，澳大利亚《墨累-达令河协议》，新西兰《怀卡托流域管理局法》。

还有些国家是采取统一立法，比如法国、西班牙等国家通过水法对流域管理做出统一规定；欧盟 2000 年通过《欧盟水框架指令》，在其 29 个成员国与周边国家实施流域综合管理；澳大利亚于 2000 年开始实施新的《水法》，推进全国的流域综合规划工作。

就国内而言，是制定类似《河流健康法》（或叫《河流保护法》《河流生态法》等）等适用全国河流的法律法规，还是根据各大河流不同情况分别制定《长江法》《黄河法》《淮河法》等，进行差异化管理，抑或制定《生态保护法》将河流生态保护的内容包含进去，尚值得深入探讨。

考虑到国内公权力强势、社会各界法治意识普遍淡薄以及长期秉承的粗放式增长模式，导致河流被填埋、被截断、被硬化渠化的问题极为突出，而法律体系中对河流健康与河流生态关注极少的实际情况，在强化河流健康与生态的保护时，应强调遵照以下思路：

（1）对河流健康现状应提供尽可能全的法律保护，在暂时无法全面保护时，应突出重点，如严格禁止填河或渠化河流，特定河段严格修建河流工程。

（2）考虑到河流健康对人类的意义和国内河流现况，先行制定《河流法》（或叫《河流健康法》《河流保护法》等）是必要的，以规范河流的一般性健康与生态问题。

（3）再结合主要大河实际情况进行差异化立法。即对某些地位或情况特殊的大河流应制定单独河流法，比如《长江法》《黄河法》等。因为我国地域宽广，各大河流往往流经好几个省份，同时又是界河，面临的保护难题也不尽相同，如长江流域主要是引水与水坝工程过多，黄河流域主要是过量引水，淮河流域主要是污染严重，而怒江、赤水河等需要更高的保护层级。

这种立法模式国外并不少见，比如美国，既制定有《原始河流及风景河流法》《濒临灭绝物种法》《水资源管理法》之类全国适用的保护河流健康的法律，也制定有《田纳西流域管理局法案》等大型河流的流域立法，取得了很好的保护效果，被他国纷纷效仿。

（4）享有地方立法权的地方，可以针对辖区内河流的具体情况，制定保护性的地方性法规。从现有例子来看，一般在落实与执行上会打折扣。

8.3　严格管理执法

法谚说，所谓法治就是法律得到普遍的遵守。立法与法得到遵守，是法治社会的两个必要条件。因此，要保障河流的健康，除了有健康科学的立法，法律的执行更成为应有之义，有法不依，执法不严，素为我国建设法制社会之软肋。

作为主管部门的水利部门，受制于权限等原因，加上河流违法往往没有直接受害方，执法起来往往不敢于碰硬。与土地、规划、交通等部门执法相比，水利执法的权威尚没有树立起来。河流保护是一个系统工程，需要发挥环保、城管、市政、交通（航运）等部门的职能。但由于水质、水量、水环境、水功能以及河道、航道、水污染、河岸建设分属各执法部门，出于利益驱动，在治水过程中，互相扯皮、推诿，更难以形成执法合力，使河道、河流保护管理一直处于大家都管，大家都不管的无序状态。在水利部门内部，机构之间也不协调，水利工程建设、管理与水行政执法相脱节，依法治河没有直接渗透到河流工程的开发、利用、保护、治理、节约、配置等各个环节。

此外，往往还有更高层的原因，对一般作为国家与地方的大中型基建项目，同时又作为能源、水利或招商引资重大项目的河流工程而言，严格按法规进行管理执法尤为重要。因为国内向来有条子、电话比政策管用、政策比法律管用的国情与惯例，政策一从松，或领导睁一只眼闭一只眼，没有直接受害人的河流保护法律执行往往就会从宽。

比如，国内对河流工程的收和放很容易受到时政影响，间歇性出现阶段性建设、开发热潮，使得河流工程环评把关标准时紧时松，弹性很大，经济一冷，有经济下行风险时，政策、标准就活，宏观与主管部门批准的项目与工程就多，环保部门的环评标准就宽，实际上都属于法律未得到严格执行与遵守，很大程度上影响了河流健康。

比如国家"十五"规划明确"大力发展水电"后，地理位置偏僻、水电资源丰富的鄂西地区，十堰市政府随即作出《关于加快汉江、堵河流域水能资源开发的决定》，大力倡导私人资本介入河流工程建设；随后，湖北恩施土家族苗族自治州做出《关于加快电力产业发展的决定》，为地方招商引资推波助澜；浙江丽水等地区甚至出现了"全民投资小水电"的现象，许多人将房屋等不动产抵押贷款来投资小水电，将水量用干榨尽，使许多中小河流健康出现危机。

再如 2008 年，因国际、国内经济形式不好，中央出台了扩大内需促进经济增长十条措施，其中一条即为"加快南水北调等重大水利工程建设和病险水库除险加固，加强大型灌区节水改造。加大扶贫开发力度。"随后国家发改委在立项上放闸，环保部门则在环评上放行，银行在资金上放贷，各地立马上了一大批以前没获批准的河流项目。仅辽宁一省，2008 年 4 季度，该省"新增水利投资的 28 个大项目已经于 2 月底前全部开工建设。分布在 14 个市的数千名建设者正在如火如荼地开展施工。省水利厅派出 4 个工作组到各地督促检查，确保按期完成任务。"① —— "效率"越高，一定意义上意味着河流失去健康的速度越快。

亚里士多德曾说过："真想解除一国的内忧应该依靠良好的立法，不能依靠偶然的机会。"那么要想真正解决国内河流之忧，解决流域不稳定、不健康之困，不能在法律的遵守与执行上出现大幅弹性，不能将耗资大工期长的河流工程作为调节国内经济冷热的砝码与机会，经济一热就暂停上马，经济一冷就大上快上，从而使河流失去健康与生态，使法律失去稳定与威慑，国民失去幸福。

总之，河流工程对河流健康的影响程度不言而喻，法律要保障河流健康，关键就是要科学立法，严格执法，强化监督。

---

① 李锋德. 辽宁 28 个新增水利大项目 2 月底前全部开工建设 [N]. 辽宁日报，2009-03-08（1）.

第 9 章　河流工程节水法制化管理构建

节水是保障河流健康的最重要辅助性措施之一，有水，才有溪、河的生态与美景，过量或过度引水、用水都会导致河流走向衰落与消亡。

2005 年 4 月，国家发改委、科技部会同水利部、建设部等发布了《中国节水技术政策大纲》，为国内第一个涵盖农业、工业和城市生活节水技术的政策性文件，也是对节水技术全面关注的文件，目的是指导节水技术开发和推广应用，提高用水效率。但其为技术大纲，仅有引导意义，无法律强制执行力与威慑力。环保部门的缺位，更使得审查、监督、处罚和责任追究等机制未能进入水利工程节水领域，导致实施效果较差。

要加强水利工程领域节水，应以适当限制和规范水利工程建设为基础，建立水权管理为核心要素，以经济手段为杠杆，以违法重处为手段的水资源管理制度体系以及与水资源承载能力相协调的经济结构体系，与水资源优化配置相适应的水利工程体系，并有法规保障其实施。

9.1　环保部门应为节水规划制定、监督主体

根据《水法》第 14 条第 3 款规定，节约用水规划被列为水资源领域的"专业规划"类范畴。该法第 15 条同时规定，专业规划"应当与国民经济和社会发展规划以及土地利用总体规划、城市总体规划和环境保护规划相协调"。

国内对包括河流在内的水资源实行"流域管理与行政区域管理相结合"的管理体制，水行政主管部门，即水利部门负责包括节水在内的水资源统一管理和监督工作。

就水利工程节水规划的制定和监督而言，究竟是水利部门，还是环境部门为主？当前实际情况来看，无论是按"流域管理"，还是按照"行政区域"管理，水利部门都是各大流域和各级政府组成部门中的当然职责部门，实践中也在如此操作。

当前国内法律体系基本都在鼓励兴建水利等各类河流工程，《水法》规定"县级以上人民政府应当加强水利基础设施建设"。但逢经济形势略不景气，河流工程作为基础

行业便是政府力推力挺的领域。加上长江水利委员会、黄河水利委员会等流域管理机构普遍设有以赢利为目的的设计单位，如长江水利勘探设计院、黄河水利勘探设计院等。至于节水，并不是水利部门及其下属单位乐意热衷事项。

《水法》第 53 条同时还规定了"新建、扩建、改建建设项目，应当制定节水措施方案，配套建设节水设施。节水设施应当与主体工程同时设计、同时施工、同时投产"，其中"三同时"措施的执行监督权在环保部门，结合该条法规和实践操作来说，节水方案、设施等均应由环保部门来行使规划、监督等职权。

9.2　水利领域规划权应独立

国内河流工程建设领域存在一大隐性弊端，即规划权不能独立行使，受到经济利益的挤兑。因为河流规划权普遍掌握在水利部下辖的长江、黄河、珠江、松辽、淮河等各大流域委员会手中，这些流域委员会都设有设计、施工、监理等相关研究院或设计院，如长江委直属的长江勘探规划设计研究院，经过这些年企业化改革，其名虽为"勘探规划设计研究院"，实际已为一家"从事工程勘察、规划、设计、科研、咨询、建设监理及管理和总承包业务的科技型企业"，既然为企业，逐利就是天性，当然会将河流工程规划尽可能的多，尽可能的大，这样在后面设计、建设等阶段才有更多机会，才能拿到更多标。各省市中小型河流情况也差不多，流域往往由各省水利厅做规划，各省水利厅下面往往也有勘探设计施工企业，比如湖北省水利厅下设水电工程团、水利水电勘测设计院等直属的赢利性单位。各河流工程开发企业为了项目更顺利地通过审查，当然也会利益交换，将项目交给他们。

另据《工程勘察设计收费管理规定》[①] 第 5 条，"工程勘察和工程设计收费根据建设项目投资额的不同情况，分别实行政府指导和市场调节价。"工程勘探设计费用与建设项目投资额成正比关系，再加上规划、设计、施工和水电站业主单位利益相连、交织，为了更大地获取当期、远期利益，迎合雇主需要，这些勘探规划设计企业倾向于尽可能多规划水利工程，以获得更多勘探费、设计费，这一点又恰好满足了引水、水电等业主单位求大、求多的潜在心理需要，彼此间心照不宣，"互利互惠"。

这些在源头上决定着河流生态的规划设计单位，在无法律实质性限制或约束的背景下，难免会夹带一己之利，将水利工程数量规划的尽可能的多和大。却不会太多也不愿意考虑水利工程的节水性。河流不会说话，就这样被断血脉，伤经络。从立法上、制度上将这些设计、规划单位与审批和监管部门进行利益隔离，让规划与设计不受利

---

① 国家计委、建设部 2002 年 1 月 7 日联合发布。

益干扰，是当务之急，也是现实之需。

9.3 水利工程修建应适度

以今天的理念和环境情况进行重新审视，诸多水利工程都是弊利共生难以衡量的，不少甚至是弊大于利。因此需要痛定思痛、更换观念，对现行鼓励水利工程兴建的法律条文进行修改，用更严格的立法和程序来限制水利工程的无序或过多兴建，来扼制水利部门从业者们单纯考虑多找项目、多要经费的部门本位立场。

水利节水，是个系统、历史、自然地理、人文习俗等多方面的课题，切忌以简单、狭隘的水利专家知识视野去解决这个问题，否则将会陷入类似"大跃进"、"文革"农业学大寨的怪圈中恶性循环。比如有一些水利行业专家，已在呼吁政府放弃大兴水利浪潮，提出恢复传统农村之堰塘等建议。因为星罗棋布的堰塘就是古人经过长期历史所发明出的一种不仅仅可以存留平时雨水和多余之水的"小水库"，星罗棋布的堰塘，对改变一方的局地小生态，帮助一方水土风调雨顺有很大作用。许多星罗棋布的堰塘已被填埋成了田地，然后，政府又去发动大家劳民伤财地修建中小型水库，对河流伤害很大，成本又高，实在得不偿失。

如水电工程，环境影响区域可包括库区、大坝施工区、坝下游区。库区的环境影响主要源于水库淹没和移民安置、水库水文情势的变化，受影响最大和最为重要的通常是生物多样性、水质、水温、环境地质、景观、人群健康、土壤侵蚀、土地利用、社会经济等因子，受影响的性质多数为不利影响；坝下游区的环境影响主要源于大坝调蓄引起的水文情势变化，受影响的主要有水文、河势、水温、水质、水生生物、湿地资源、入海河口生态环境、社会经济等因子，影响时间长，影响范围甚至可延伸至河口区。

再比如调水工程，虽被地方政府视为拉动 GDP、增加供水量的捷径，实际却不增加哪怕一毫升的水资源量，其间徒添损耗、移民无数。在水资源紧缺、人口密集的今天，是否还应继续实施大规模的调水工程已存在巨大争议，但各地推动类似工程的热情却高烧不退，实际导致了国内水资源总量的陡降。一项大型调水，往往会引发相关各地实施连环调水。"这样调个不停，不知道什么时候是个头。"以南水北调工程为例，其造成的移民安稳、水费过高等问题暂且不提，还引发了一系列连环调水：陕西省因为未从国家南水北调受益，开始实施自己的"南水北调"，即将长江支流汉江水，通过秦岭隧洞，引向黄河支流渭河，最终向西安等城市供水。湖北省担心未来汉江水少，实施了引江济汉工程，还计划实施引江补汉工程等。① 就这些层出不穷的调水工程而

---

① 宫靖. 我国变全球调水第一国背后：环境生态遭遇损失 [J]. 新财经，2011，11：12-15.

言，在其远距离调水的过程中，挥发、渗透、污染的水该有多少？一边大面积的浪费和污染，一边大力呼唤节水，其实徒增内耗和浪费，耗费大量财物，却收获不了真正的果实。

9.4　设计阶段建立节水审查机制

1998 年的中央国家机关机构改革中，将包括节水管理在内的各项水资源管理职能都交给了水利部门。2014 年，基于当前国情，国务院首次将节水工程列入了重大水利工程范畴，节水工程被认为除了缓解水资源瓶颈制约外，还能够促进生产关系的调整和变革。比如现在不少地方通过推进节水型农业发展，推广规模化、集中高效的灌溉技术，如喷灌、滴灌等，在一些农村带来农业经营方式转变，是对生产关系的一种变革和调整。

就产业链而言，河流工程节水最具"性价比"措施是在设计审查阶段就导入节水审查机制。作为水资源短缺国家，我国人均水资源量仅 2100 立方米，为世界人均水平的 28%，搞节水是必然之选，这么多人口，如此大的经济规模，不节水无路可走。问题在于目前水利类规章，无论是《水利工程建设程序管理暂行规定》①，还是《水利水电工程初步设计报告编制规程》② 以及 2014 年国家出台的《国家农业节水纲要》，在"可行性研究报告阶段"以及"初步设计"等阶段，都没有水利工程节水的强制审查环节与制度。

如水利部《水利工程建设项目报建管理办法》第 10 条规定，建设单位需要递交的审核材料包括"工程项目建议书批准文件、可行性研究报告批准文件、项目法人成立的批准文件、投资方案协议书"等近 10 份，并无节水性原则与细节要求，也不审查其内容。③ 节水往往只是一个美丽的口头幌子，没有相应体系与制度来支撑其落地。

要建立水利工程节水审查机制，应着重在工程设计、工程运行两环节把关。工程设计阶段，环保部门应对水利工程设计方案享有审查、修改、审批和否决权。对无视或忽视节水功能的水利工程，应拒绝或暂停审批其修建计划。工程运行阶段，环保部门也应会同水利部门应从节水角度，对水利工程的实时运行状况进行监测和评估，调

---

① 水利部 1998 年 1 月 7 日颁布。

② 电力部、水利部 1993 年 113 号文发布。

③ 《水利工程建设项目报建管理办法》，水利部 1998 年 7 月 8 日颁布，其中第十条规定，工程报建时，项目法人需上报《水利工程建设项目报建申请表》一式三份，并交验下列材料：（一）工程项目建议书批准文件；（二）可行性研究报告批准文件；（三）初步设计批准文件；（四）项目法人成立的批准文件；（五）投资方案协议书；（六）有关土地使用权的批准文件；（七）施工准备阶段建设内容和工作计划报告；（八）项目法人组织结构和主要人员情况表。

整改善工程功能，不断优化运行方式。

另外，还应建立工程的运营期限审批机制，尽早建立对过期、废弃、不合理水利工程的清理、拆除、恢复原状等制度措施。

9.5　汲取经济方式

要实现节水，水利工程用水应建立水权管理为核心[①]、取水审批为基础，以经济和价格手段为杠杆、以违法重处为手段的水资源管理制度体系。

国家《节水型社会建设十二五规划》中提出了节水型社会建设的目标，"到2015年，节水型社会建设取得显著成效，水资源利用效率和效益大幅度提高，用水结构进一步优化，用水方式得到切实转变，最严格的水资源管理制度框架以及水资源合理配置、高效利用与有效保护体系基本建立。"《节水型社会建设"十二五"规划技术大纲》中进一步指出，农业节水则是创建节水型社会的重点领域。

从国内实际情况来看，实施效果并不理想，水价已有提高，在多数人眼中，水是取之不尽用之不竭，无论城乡，引水漫流、细水长流仍是司空见惯的场面。

水利工程普遍不关注节水，是因为河流资源绝大多数情况下可以被无偿使用，存量相对充足的南方地区更是如此。同时，河流资源本身具有商品属性，且国内大部分地区河流水量具有季节性，春夏较充沛，秋冬则稀少，有用经济手段或价格杠杆进行调节的可能。

根据《宪法》和《水法》，河流资源所有权的主体是唯一的，即国家，所有权的代表人是国务院。[②] 国务院不可能来直接管理，只能是授权给地方政府或主管部门。由于河流工程大小不一，大多地处郊区或野外，加上惯性思维，使得水利、环保等部门对它们重视不够，也缺少有效监管方式。通过强化取水许可管理，工程措施与非工程措施配套，先进技术与常规技术结合，发动全社会共同重视参与，才能达到节水实效，将是法治社会、市场、经济"自然选择"的结果。

要建立完善有利于发挥市场作用的水权交易平台，明确交易规则，维护良性运行的交易秩序，水利、环保部门应联合有关部门制定河流工程节水的优惠政策，建立市场激励机制，推广节水工艺、技术和设备，淘汰落后的耗水量高的用水工艺、技术和

---

① 根据水利部规定，水权制度是界定、配置、调整、保护和行使水权，明确政府之间、政府和用水户之间以及用水户之间的权、责、利关系的规则，是从法制、体制、机制等方面对水权进行规范和保障的一系列制度的总称，见《水权制度建设框架》(水政法〔2005〕12号)。

② 《水法》第3条，水资源属于国家所有。水资源的所有权由国务院代表国家行使。农村集体经济组织的水塘和由农村集体经济组织修建管理的水库中的水，归各该农村集体经济组织使用。

设备。利用经济和价格手段，包括财税、收费、农业节水补贴等各种方式，例如不妨逐步收取或提高水利工程水价，按照《水利工程供水价格管理办法》的规定，将非农业用水价格尽快调整到补偿成本、合理盈利的水平。在大力整顿水价秩序，完善水费计收机制，取消不合理加价和收费，并降低管理成本基础上，合理调整农业用水价格，逐步达到保本水平。

逐步引入社会组织进行水资源管理，则是远期发展目标，国内水利部门已相对集权，关注重点又一直在于建设而非运营或节水，故应将许多基本的灌溉、水力发电、调水的水量分配等管理职能从国家机构转移到私营机构、非政府组织或以农民为主的地方组织。最常见的转移形式是将灌溉管理职责从中央政府的灌溉机构转移到财务自主的地方性非盈利组织，此类组织一般由灌溉工程受益区用水户组成，或者用水户在该组织中占有重要的位置。灌区运行和维护责任的转移，导致用水户必须支付灌溉用水的实际成本，促使用水户自觉节水。

第 10 章　河流杂记

10.1　消失的桥[①]

有水就有桥，桥是水的风景，是人水和谐的倒影，这些年桥也和水、鱼一样，少了许多。

十年前回家少，每次感觉路越修越宽，溪河里的水越来越脏。近几年回的多了，渐渐连脏水都不容易看到，镇里的几条溪河，因河道被填或水被引到地下管道而消失。河或水没了，那块地马上会被推土机或挖土机填平，上面又没有住人，不需拆迁，滩涂、河床、河谷等生地就直接变成可供"招拍挂"的熟地，变成 GDP 与预算外收入。一片片贴着白色的被称为"厕所砖"的小区很快建起售出，土地增值税、建安税、契税等又迅速被收集为地方财政收入。

水脏尚可治，填埋对河流则如焚尸之灾。千年小镇十几年就完全变样，不再是"小桥流水人家"的写意景象，"人家"暴增，"流水"入地，"小桥"灭迹：因为水没了，地被填平，镇边三座新中国成立前后兴建的老石拱桥悉数被拆。春节期间我站在曾在桥下捉鱼摸鳖的旧桥址上，发懵发呆：难道我们的孩子今后只能去公园里看死水，然后回家看电视、玩电游？我们只能被动地成为所谓发展的俘虏和浮云？

前几年的上海世博会 E 片区案例联合馆中，却提到了韩国首尔的清溪川被填又挖出的案例：清溪川是首尔市中心的一条河流，宽 10 来米，长 5.8 千米。20 世纪韩国经济快速发展，清溪川先是被覆盖为暗渠，后更是被填，上面建起两条高架桥。但并没有缓解交通拥堵，反而加剧了这个地区的交通压力，越来越多的车流涌来，清溪川及其周边几近瘫痪。

---

① 作者四篇河流短文先后发表于《三联生活周刊》杂志。

2003 年 7 月，时任首尔市长李明博做出惊人决策：启动清溪川生态复原工程，将清溪高架道路全部拆除，重新挖掘河道，并从汉江引水进行环流，以美化环境、净化空气，提高市民生活幸福指数。同时兴建多座特色桥梁横跨河道，复原广通桥，将旧广通桥的桥墩混合到现代桥梁中重建。在旱季时引汉江水灌清溪川，以使清溪川长年不断流，成为市民首选的休闲之地，首尔市中心面貌从此焕然一新。李明博因此被誉为"绿色市长"，后来又在竞选中当选国家总统。

而国内许多地方，却依然走着填河拆桥、修路建房的老路子，绝美溪河变成水泥尘路或粗俗建筑。"十二五"期间将大兴水利，不知道又有多少河流会被野蛮处理：河水流管里，美溪变暗渠，河床填成地，河滩铺水泥，一切只为 GDP。

"漾漾泛菱荇，澄澄映葭苇 "是王维在《青溪》诗里描写的溪河风光，怕要和老石拱桥一样，渐为绝唱和想象。

10.2　江猪子

我想念它们好久了，没想到看到它们却是在万里之遥的南美。

在亚马孙河的巴西玛瑙斯市江段，江面没有想象的辽阔，但我看到了肥头肥脑、憨态可掬的它们——江豚，也就是家乡俗称的"江猪子"——江豚体型较大，肥厚有肉，一双圆圆黑黑的小眼睛，就像江水中的猪。

游船逆水而上，它们三两结伴，不时在船的不远处浮出圆圆的头、黑黑的背，嬉闹追逐，放眼远眺，运气好时甚至能看到几群江猪子各自为群，在江面上浮头露腚，快乐无边，与蓝天、江水、雨淋、游人形成了一幅自然和谐的温馨场面。

在长江边生活 30 多年，我常去散步、钓鱼，见惯了百舸争流、渔船穿梭，见证了江水的从清变浊，也听多了老人们讲述的长江大鱼的故事，包括白鳖豚、白鲟、江豚，等等。比如他们说文化大革命前后，常会看到白鳖豚浮出头来换气，夏天在长江边游泳时，甚至会有肥肥的江猪子好奇地尾随。

可惜出生以来，除了标本，好水的我从未见过这几种长江大鱼在江中的真实容颜，这种遗憾伴随了我的前半生，它们才是美丽优雅的长江女神呀。随着江水污染、航运发达、滥捕肆行，长江渔业资源的飞速枯竭，白鳖豚、白鲟已事实性灭绝，看到江豚的希望也越来越渺茫。

但我总算看到了，虽然是在另一个半球，虽然不是长江的江猪子。不知道我们的子孙们，还有没有这样的幸运。

10.3 长江渔记

钓鱼是许多人的爱好，包括我。只是近期到长江边钓鱼，明显感觉鱼更少了，钩甩下去好一会儿，浮子还是一动不动，哪有以前不时有小鱼试探大鱼咬钩后"斗智斗勇"的欢乐，沿江密集摆开的钓鱼场面现已空荡起来。

电打鱼的小渔船多，每到深夜，就见江边不时有渔船打着探灯溯江而行，绑着电极的线杆从船头置入水中，捕鱼者只需要就着灯光捞被电晕或电死的鱼就行了，但凡电鱼船过处，大小鱼虾不死即伤，即使未被捕到，也难死里逃生了，小小渔船就这样成了一条条死亡之船。据说春天禁渔期后，一条船到半夜总能电到数十斤鱼，光景好的时候有数百斤，江鱼属野生鱼，卖得贵，如此一晚上就是数百元甚至上千元的收入。那些本来靠着渔网从事传统捕捞的渔民受不了这般诱惑，再说被电扫荡过的江里再难捕到鱼，也纷纷买来捕鱼器，从事这一本万利的行当。于是乎，仅存的不多的鱼儿只能到长江中心去避难，钓到鱼成了奢望，也于是乎，鱼越来越少，渔船电鱼的时间就加长，功率也加大，鱼愈发稀少。

上淘宝一查，发现电打鱼的"捕鱼器"居然就有卖，才几百块钱，还保证"大功率、大电流、高效节能、寿命达 10 年以上"，加上渔船普遍配有大功率的马达，渔民都有手机在渔政查时互相报信，让人想到科技是第一生产力的经典名言——换个角度说，科技越发达，人类从自然中榨取膏脂的能量越大，自然界受到的伤害越大，如此恶性循环，人类终将失去自然，失去自我。难怪有人说人类是地球的癌症。

10.4 寻找能游泳的溪河

这是一个大问题。在我长江流域的美丽家乡，居然越来越难找到能游泳的溪河。

那里，本是鄂西南山区一个溪流纵横、泉涧涌流的少数民族自治县，家乡的小镇，离县城十多里，镇中心约两三平方千米，就有四条溪河环流或交汇，三面绕水，水产丰富。20 多年前的夏季，我母亲常愁如何弄些油来煎我捞或钓回来的好几斤鱼。但因为常偷偷下河游泳或戏水，我没少挨她的棍子。

我在离家乡百余里的宜昌工作。选择离家近的城市工作的重要原因就是宜昌有大江奔流，周边山水也胜，想着还能和童年一般，在家乡的溪河里春放风筝，夏捉鱼虾，秋荡秋千，冬烧香肠，河谷倒影悠悠，怡然自乐。只是，近几年因为驻扎北京读书一直未能夏季回乡。

今夏回宜昌后的一个酷热周末，突然很想念家乡的溪河，想带儿子去感受我曾经拥有的夏天的简单的由衷快乐。他虽年幼，却也是喜欢溪河的主儿，看见奔腾的长江或宜昌运河就尖叫。游泳池又是我和他共同不喜欢的，除了浓郁的消毒水的味儿，我觉得能闻到里面的汗液、体液甚至尿液的味儿——现在水价那么高，某部委仍叫嚷着涨水价"符合资源价格改革方向"，那么，我要是池子的主子，也不愿意三天两头一池子水耗费数千元水费呀，单加几块钱的消毒水岂不赚钱多了？天长日久，池子中消毒水和"三液"的浓度必然越来越高，令人发憷。而胖头儿子，看见那一闷池子摩肩接踵的人，就会急得连连摆手摇头，干脆地说："不要，不要，走，走。"

于是回到家乡。想去山野间找一条可游泳的溪河，回到童年的溪河边游泳戏水、捉鱼摸虾的梦幻时光，重温一下幸福指数陡升后的快意，也让孩子领略一下戏水的快乐。然而一圈寻觅下来，大失所望，虽早已听父母说溪河美景不再，但实地走了一遭后才感受得更为真切：镇子边上的四条河流，一条因为修路被填，一条因为修水电站被截流并改道后不再流经，一条因为开挖锰矿被污染，一条被小酒精厂污染后河床被砌的方方正正，上面盖上了水泥板。镇还是那个镇，溪河却不是曾经的溪河，家乡也早不是那个家乡了。

最后，只好开车沿那条被锰矿污染却所幸还有水在流的小溪，溯行十余千米，一直找到锰矿排污口的上游，才见一泓清水，抱着孩子下水后，却奈何因为逼近溪之源头，石大水浅，蹚来蹚去根本找不到一个水深些能叫潭的地方，我只好失落地躺在河床上，让溪水从我身上漫流，寻找一丝游泳的感觉。年幼的胖头儿子，坐在只齐他腰深的溪水里，兴奋地尖叫嬉闹。

西北缺水，华北少水，华东华南流黑水，原以为神州之大，怕也就西南部山区人迹罕至处尚余些可捉鱼、摸虾、游泳的河流。可地势偏远、山重水叠的少数民族自治县且已如此，华夏大地，又还能有几条真正的野河可供民众来享受自然生活呢？不少官吏估计和海南那斯一样，秉承着经济越发达环境污染越厉害的理念，可能还在期盼着污染的重些更重些吧。望着潺潺小水流弱弱东去，不禁叹人生之须臾，人类之贪欲，溪河之悲剧。

所以，今夏八月的晴朗周末，广袤的鄂西南山区的溪流里，曾有一大一小两胖子，一躺一坐，静静的与浅浅的小溪和谐的相依着，做着井底之蛙，但这对于全国人民来说，已是难得的幸福了。

幸福是什么？在哪里？果腹遮体后，人最终需要的是什么？只有在家乡，尤其是家乡溪河边，我似乎才偶有兴趣和精力来想点这类"精深"问题，但最终的答案，对于我，都和河流脱不了关系，最喜欢的生活，永远是水边的生活，最喜欢的运动，永远是捉鱼、摸虾和游泳，最大的快感，除了生理需求的满足，永远是赤手从水草或石头缝中捉到活蹦乱跳的鱼或王八后。

是夜，久不能入睡，脑海里瘴气缭绕，没来由的隐隐透来罗大佑那首《鹿港小镇》中的忧郁旋律：

假如你先生来自鹿港小镇
请问你是否看见我的爹娘
我家就住在妈祖庙的后面
卖着香火的那家小杂货店
假如你先生来自鹿港小镇
请问你是否看见我的爱人
想当年我离家时她已十八
有一颗善良的心和一卷长发
……

假如你先生回到鹿港小镇
请问你是否告诉我的爹娘
台北不是我想象的黄金天堂
都市里没有当初我的梦想
在梦里我再度回到鹿港小镇
庙里膜拜的人们依然虔诚
岁月掩不住爹娘淳朴的笑容
梦中的姑娘依然长发盈空听说他们挖走了家乡的红砖砌上了水泥墙
家乡的人们得到他们想要的却又失去他们拥有的
……

结　论

河因流才称河流。人类在欣赏河流之美、获取河流之利、享受河流之趣时，应认识到河流也有自己的生存要求，也有健康与死亡的问题，否则，也会衰竭、灭绝。

有水皆污、有河皆枯、有河皆库，已成国内河流现况的真实写照，填埋、引水、筑坝、硬化渠化、截弯取直等现象随处可见。国内的法律体系，却仍只在重视"有水皆污"等表面问题，对"有河皆枯、有河皆库"等严重、持久的环境问题没有起码的关注，对河流健康、河流工程缺乏理性与系统认识和管理。

国际社会已经高度重视河流的健康问题，具体做法各有特色。国内应该亡羊补牢，尽快学习国外成熟经验，将保护河流健康、保护河流生态明确为环境保护法、水法、渔业法等法规的原则或内容之一，可考虑制定专门《河流法》（或《河流健康法》《河流生态法》），来保护现存河流的流量、流速、水温、滩涂、滨岸、河床、生物等要素，明确法律责任。对国内流域面积大或情况特殊的一些大河还可考虑制定专门立法，并将当前法律体系中不利于河流健康的规定废止。

构建河流健康保护的具体法律制度体系时，可将对河流工程的法律规范作为重点，在河流工程建不建、如何建、如何管、谁来管等关键环节明确或建立具体法规制度，并严格执行，这将是保障河流健康的关键。

本书写作中将具有实践操作价值作为最高标准，并在以下方面争取创新：

（1）提出了河流健康与河流工程的概念（国内只在《水法》中规定了"水工程"的概念）。

（2）从法律上对河流概念进行了定义，分析了河流健康的要素与本质。

（3）提出并论证保护河流健康比防治河流污染更重要更迫切。

（4）结合马斯洛的人需要五层次理论，分析了河流对人类五层次的价值。

（5）提出了新的财富理论：生态财富→硬财富→软财富→环境财富。

（6）对国内河流健康现况进行了八个层级的划分。

（7）对国内现有涉及河流健康的法规、政策进行了较完整的分析梳理。

（8）提出并论证规划权与设计权因主体不分、受利益诱惑是国内河流工程过多的主要原因之一。

（9）将国际社会对河流健康的立法经验与做法做了归纳分析。

（10）对国内河流提出实行分类分段管理的思路。

（11）对国内河流工程开发权提出许可证制、有偿取得、设定年限、可流转的思路。

（12）围绕河流工程如何强化立法规范提出了以下关键环节或领域的规范：强化基础工作；建与不建的法律规范；如何建的法律规范；如何管的法律规范；谁来管的法律规范；动态调整的法律规范。

总之，当物质生活水平达到一定程度后，人类会更加注意精神的富足和环境的优美，会更加追求在自然领域的融入、互动。而依法治国、法治时代的和谐社会，首先要提高民众的幸福指数，而不是一味追求 GDP 的增长。人类亲水喜水近水的天性，也将使河流在人类未来的生活中，占有越来越重要的地位。

人与河流，只有在互相尊重各自的空间和规律的前提下，通过科学的立法，有效的执法，才能够保障河流健康，河畅其流，水得其净；河流也才能还以人类河利与河趣，从而互利互惠、和谐相处；沧河桑田、地久天长。

每个人的一生，都需要一条河。

维持河流和保障生计

河流、流域和水生态系统是地球的生命之源。它们是生命和社区生计的基础。大坝改变了自然景观，造成了不可逆转的影响。了解、保护以及恢复河流生态系统对平等的人类发展和所有物种的繁荣是十分必要的。在河流开发方案选择的评估和决策过程中，优先考虑避免这些影响，然后把不利于河流系统健康和完整性的危害降至最小。通过选择好的坝址和工程设计来避免影响是应该优先考虑的。释放恰到好处的环境流量有助于维持下游生态系统和保障沿河社区生计。

——引自世界大坝委员会《关于大坝新决策框架的建议》，2000。

索　引

后记（一）

早在 1977 年的世界水资源大会上，与会者提出一个启发性的比喻来说明全球有限的河水资源，"如果用半加仑的瓶子来盛下全球的水，那么可饮用的淡水量只有半茶匙，这半茶匙水中的一滴将代表河流和溪水中的所有淡水"。

水是生命之源，河是生活之趣。联合国《世界水资源发展报告》称，滋养着人类文明的河流在许多地方被掠夺式开发利用，加上工业活动造成的全球暖化，未来的水资源已严重受到威胁——全球 500 条主要河流中至少有一半严重枯竭或被污染。世人需直面这样一个事实——世界各地主要河流正以惊人的速度走向干涸与死亡，昔日大河奔流的景象不复存在。

从非洲的尼罗河到我国的黄河，都面临着水源干枯甚至断流的尴尬境遇。世界第一大河、有埃及"生命之河"称谓的尼罗河以及印度文明的发祥之地、现属于巴基斯坦的 Indus 河到达入海口时的水量被大大减少了。美国加利福尼亚州北部的 Colorado 河和中国的黄河，则根本难以到达入海口。另一些，像约旦河和美国与墨西哥的界河——格兰德河，则因为干涸造成河流长度大大缩减。

到了 2014 年 3 月，第 22 届"世界水日"上，联合国当年的主题是"水与能源"，则道出保护与工程间的唇齿关系，一味的保护或过多的开发，都不合时宜：舍弃水电，靠重污染的火电或危险的核电，尚远不可能，过多地依赖水电，不停的引水、筑坝，则是溪河之痛。

全球水资源现状

在全球水资源中，陆地淡水仅占 6%，其余 94% 为海洋水。而在陆地淡水中，又有 77.2% 分布在南北极，22.4% 分布在很难开发的地下深处，仅有 0.4% 的淡水可供人类维持生命。

淡水资源的分布极不均衡，导致一些国家和地区严重缺水。如非洲扎伊尔河的水量占整个大陆再生水量的 30%，但该河主要流经人口稀少的地区，一些人口众多的地区严重缺水。再如美洲的亚马孙河，其径流量占南美总径流量的60%，但它也没有流经人口密集的地区，其丰富的水资源无法被充分利用。

人类要找到一种理想的水替代品，要比寻找石油和木材等资源的替代品困难得多。此外，人口的增长、生态环境的破坏、管理不善等因素进一步加剧了人类的淡水资源危机。

全球变暖导致断流

而那些逃脱被水坝截流的大河的命运也并不一定顺畅，包括号称水资源最为丰富的亚马孙河在内，很多河流正在饱受全球变暖导致的断流恶果。

数年前，亚马孙河遭遇了40年来的最大干旱，由此造成的森林火灾危险和公共健康安全问题严重威胁了沿岸16个城市，也使被誉为"地球之肺"和"生物天堂"的亚马孙热带雨林生态环境受到极大挑战。而世界上最长的无坝水道、北美地区主要河流育空河（Yukon River）的境遇也好不了多少。河里的大马哈鱼大批死亡——因为水温过高。

报告指出，河流周围生态系统的"恶化和中毒"已"威胁到依赖河流来灌溉、饮用及用作工业用水的人们的健康与生计"。雪上加霜的是，1/5的淡水鱼类要么濒临灭绝，要么已经灭绝。河流的枯竭将对人类、动物以及地球的未来造成一系列毁灭性影响。

河流工程限制住15%水流

联合国在墨西哥城召开的世界水日国际大会上公布了这一官方报告，以警示各国政府，地球上的河流、湖泊以及人类赖以生存的各种淡水资源状况正以"惊人的速度恶化"。联合国副秘书长、联合国环境规划署执行长官克劳斯·特普费尔博士将这一现状形容为"一起正在制造中的灾难"。

报告指出，"我们极大地改变了世界范围内河流的自然秩序"。全球最长的20条河流上都筑了大大小小的堤坝，全世界大约有45000余个大型堤坝，将至少15%的水流限制在堤坝内而非流入大海，堤坝覆盖的总面积已接近全球陆地总面积的1%。

而人类建造堤坝的热情却并没有就此打住。报告预测说，"这一需求未来将持续增加"，联合国报告建议各国政府应该禁止在尚保存完好的流域开建新的堤坝和水库项目，让"自由奔腾"的大河继续奔流。

后记（二）

爷爷奶奶的老房子在河边。河的名字叫清江，长江的支流。

父母的房子在河边。河的名字叫丹水，清江的支流。

我在老家买的房子也在河边。河的名字叫昌蒲溪，清江的支流。

我在河边长大，春放风筝，夏捉鱼虾，秋荡秋千，冬烧香肠，河谷倒影悠悠。

家里至今有渔网 10 余幅，渔竿 6 支。并不是彻底的河流卫士。

长大的过程中，家乡的不少河流陆续被污染、被填、被筑、被改变河道。

我、儿子、双胞胎外甥都喜欢到河里玩。可惜，城镇附近清澈的溪河越来越少，可供玩闹的生态河道越来越少。儿子与外甥，早已不再可能看见父亲、舅舅、爷爷奶奶原本的故乡的景色风物，虽仍依然晴空。

我在大型水电公司工作。我媳妇曾在大学教环境法。

虽然小时候学游泳时差点淹死，虽然常因偷偷下河捉鱼游泳遭到母亲的毒打。但对于河流，我仍有着无比的热爱，选择大学专业、工作行业、居住地点时，都想着要能与河流为伴。在夏日晴朗的周末，媳妇总结我的行踪说，不在河边，就在去河边的路上。

我玩笑着说：如果我意外死了，把我水葬吧，与河为伴，与鱼比邻，屈原作友，我当不朽。

媳妇"鄙夷"：你还是寿终正寝吧。一身横肉，满肚油脂，就别去污染河流了。还逮过那么多鱼，它们的兄弟姐妹们也饶不了你。

想想也是，成年后体重渐增，水葬后势必造成局部水域的严重污染，甚至惊扰环保与公安，造成 GPD 统计的偏差。再说，自六七岁以来，每年夏天都捉过数千条各种小鱼，累加起来自是天数，罪孽深重，就别自投罗网了。

站在办公室窗边，看浩瀚长江滚滚东去。

叹人生之须臾，叹人类之贪欲，叹溪河之悲剧。

艾青曾说，为什么我的眼里常含眼泪，因为我爱这土地爱得深沉。

我想说，为什么我看着家乡无水的旧河道时常含着泪，也是因为我对溪河、对故乡，爱得是那般深沉。乡情、亲情、光阴，都融入故乡的河中。

青山烧成了水泥，劈成了石材；绿树削成了木板，熬成了纸浆；大地的血脉——河水则被不断榨取……大自然的精彩，就这样源源不断、永无止境地往城里走。

清水消失了，河道成公路，美溪变成了暗渠，流淌的是人间污垢。河流的精华以及河流本身，被滚滚抽掉、毁掉。

法谚道：法律不仅要实现，而且要以看得见的方式实现。

西塞罗道：民众的幸福是至高无上的法律。

物质日渐丰富，我们的幸福，却为什么总感叹看不见，还越来越远？

衷心地希望，通过立法对河流工程的规范，在不久的未来，国内版图上尚存的河流，都能够清澈地存在，我们的孩子，还能享受在潺潺溪河中捕鱼、戏水，岸边捕蝴蝶的由衷乐趣。

中国科协三峡科技出版资助计划
2012 年第一期资助著作名单

（按书名汉语拼音顺序）

1. 包皮环切与艾滋病预防
2. 东北区域服务业内部结构优化研究
3. 肺孢子菌肺炎诊断与治疗
4. 分数阶微分方程边值问题理论及应用
5. 广东省气象干旱图集
6. 混沌蚁群算法及应用
7. 混凝土侵彻力学
8. 金佛山野生药用植物资源
9. 科普产业研究
10. 老年人心理健康研究报告
11. 农民工医疗保障水平及精算评价
12. 强震应急与次生灾害防范
13. "软件人"构件与系统演化计算
14. 西北区域气候变化评估报告
15. 显微神经血管吻合技术训练
16. 语言动力系统与二型模糊逻辑
17. 自然灾害与发展风险

中国科协三峡科技出版资助计划
2012 年第二期资助著作名单

1. BitTorrent 类型对等网络的位置知晓性
2. 城市生态用地核算与管理
3. 创新过程绩效测度——模型构建、实证研究与政策选择
4. 商业银行核心竞争力影响因素与提升机制研究
5. 品牌丑闻溢出效应研究——机理分析与策略选择
6. 护航科技创新——高等学校科研经费使用与管理务实
7. 资源开发视角下新疆民生科技需求与发展
8. 唤醒土地——宁夏生态、人口、经济纵论
9. 三峡水轮机转轮材料与焊接
10. 大型梯级水电站运行调度的优化算法
11. 节能砌块隐形密框结构
12. 水坝工程发展的若干问题思辨
13. 新型纤维素系止血材料
14. 商周数算四题
15. 城市气候研究在中德城市规划中的整合途径比较
16. 心脏标志物实验室检测应用指南
17. 现代灾害急救
18. 长江流域的枝角类

中国科协三峡科技出版资助计划
2013 年资助著作名单

发行部

地址：北京市海淀区中关村南大街 16 号

邮编：100081

电话：010-62103130

办公室

电话：010-62103166

邮箱：kxsxcb@ cast. org. cn

网址：http：//www. cspbooks. com. cn